■シリーズ・**現象**を**解明**する**数学**
Introduction to Interdisciplinary Mathematics:
Phenomena, Modeling and Analysis

三村昌泰，竹内康博，森田善久：編集

侵入・伝播と
拡散方程式

二宮広和　著

共立出版

本シリーズの刊行にあたって

　数学は2000年以上の長い歴史を持つが，厖大な要因が複雑に相互作用をする生命現象や社会現象のような分野とはかなり距離を持って発展してきた．しかしながら，20世紀の後半以降，学際的な視点から，数学の新しい分野への展開は急速に増してきている．現象を数学のことばで記述し，数理的に解明する作業は可能だろうか？　そして可能であれば，数学はどのような役割を果たすことができるであろうか？　本シリーズでは，今後数学の役割がますます重要になってくると思われる生物，生命，社会学，芸術などの新しい分野の現象を対象とし，「現象」そのものの説明と現象を理解するための「数学的なアプローチ」を解説する．数学が様々な問題にどのように応用され現象の解明に役立つかについて，基礎的な考え方や手法を提供し，一方，数学自身の新しい研究テーマの開拓に指針となるような内容のテキストを目指す．

　数学を主に学んでいる学部4年生レベルの学生で，（潜在的に）現象への応用に興味を持っている方，数学の専門家であるが，数学が現象の理解にどのように応用されているかに興味がある方，また逆に，現象を研究している方で数学にハードルを感じているが，数学がどのように応用されているかに興味を持っている方などを対象としたこれまでの数学書にはない新しい企画のシリーズである．

編集委員

まえがき

　自然界には，さまざまな状態が同時に共存している．いくつかの状態が共存するとき，状態の境目が現れる．多くの場合，境目によって我々はいくつかの状態の存在を認識している．たとえば，ペットボトルの水では，水と空気の境目でその残量を確認している．光の屈折率の等しいものの境目は区別しにくく，サラダオイルにガラスを浸すと溶けたかのごとく見つけにくくなる．一見透き通った氷にも，結晶の向きの違いがある．偏光板で挟むことにより，図1のように結晶の向きの違いが色（周波数の違い）となって現れる．結晶が生成されるには，きっかけとなる核が必要である．1つ1つの核から広がっていった結晶の境目が結晶粒界となって見えている．しかし，いつもその境目はここだと決めつけられるわけでもない．雲は，空を見上げていると境界があるように思われるが，山に登ると雲の境目がはっきりとあるわけでもなく，雲が次第に濃くなっていくことに気がつく．

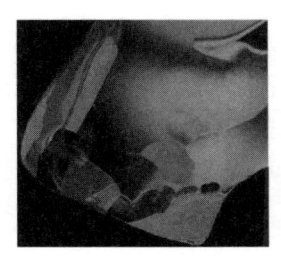

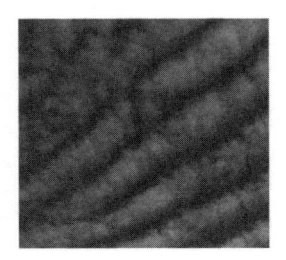

図1　氷の結晶粒界（グレインバウンダリ）と雲の様子

生物種が新天地に侵入するときも，このようなあいまいな境界が現れる．第1章で取り上げるマスクラットの侵入もその一例である（[61, 42, 55] 参照）．スケラム (J.G. Skellam) は，マスクラットという生物種の空間分布と時間の関係を調べ，マスクラットの侵入の平均速度が一定であるという驚くべき結果 [43] を 1951 年に発表した．個々のマスクラットは，一定のスピードで広がっていこうという意識をもって行動していないにも関わらず，結果的には平均速度がぴたりと一定になっている．このように個々が自律的に運動しているにもかかわらず，全体として一定のルールが見いだされることがある．ルールを見出すことは，自律的現象に隠されている大域的なメカニズムを明らかにすることに対応している．

　このような侵入・伝播現象は，マスクラットに限ったことではない．インフルエンザなどの感染症の伝播や外来種の生息域も次第に広がっていく．新型インフルエンザなどの感染症や環境を破壊する外来種の侵入は，対策が必要となる問題であり，その侵入および伝播を制御することが求められている．しかし，現在は，ペストが流行した中世の状況とは大きく異なっている．交通機関が飛躍的に発達し，人や物資の移動はすさまじく，伝播や侵入をコントロールすることはさらに重要になっている．

　また，導火線の火花が次々と進んでいくのも伝播である．燃焼している部分の温度上昇に伴い，隣接する部分に燃焼が広がっている．しかし，すでに火薬が燃え尽きた部分には燃焼が進まないので，一定方向に燃焼が伝播していく．山火事も燃焼による伝播現象の一つである．自然現象だけに限らない．うわさの広がりもその一例である．うわさは人の口を伝わっていく．プルタルコス著『饒舌について』（岩波文庫）には，「私より噂の方が先に広場に着いた」という話もある．最近は，チェーンメールやブログの書き込みなどうわさや口コミの広がり方も多岐にわたっているが，情報の伝播を制御することは，マネジメントとしては重要な課題であろう．このように伝播は，さまざまな分野で起きている．それを制御するためには，まず，伝播の仕組みを知る必要がある．本書では，現象を「伝播」の数理的取り扱いという切り口から考察していく．特に拡散・伝播現象を取り上げ，拡散と非線形性という局所的・自律的な現象から作り出される伝播現象に見られる大域的なメカニズムを説明していく．

本書の構成は以下の通りである．

第1章では，身近な伝播現象の例を挙げながら，その伝播現象に潜んでいる数理を簡単に説明している．

第2章では，本書で主に取り上げる反応拡散系を解説している．ここでは，反応項の非線形性について主に取り上げ，力学系の基礎に触れている．拡散に関する詳しい説明は第3章となっている．

第3章では，ミクロな現象とマクロな現象をつなぐ重要な概念である拡散について詳しく説明している．

第4章では，伝播現象を端的に表現する進行波解の構成方法として厳密解による具体的な方法と存在証明による抽象的な方法を紹介している．

第5章では，最大値の原理を紹介し，反応拡散系への応用を説明している．

第6章では，反応拡散系の進行波解のもつ特徴を，大きく2つに大別し説明している．まず，単安定な非線形項の場合を説明し，そのあと，双安定な非線形項の場合を，違いとともに説明している．

第7章では，2次元空間などに伝播していく際，その伝播の様子を表現する数学的道具を紹介している．

第8章では，第2章で取り上げた反応拡散系の進行波解の構成方法やその速度について紹介する．

本書は，4年生から大学院生を対象としている．すでに力学系や拡散についての知識のある人は，第4章から読み始めてもよいだろう．第5.5節や第6章では，関数解析についての予備知識を仮定している．第B章も併せて参考にしてほしい．本書で取り扱えなかったテーマもたくさんあるが，本書で紹介した手法を理解することは，新しい伝播現象の数理解析にも十分に役に立つと思われる．本書が現象の解明の一助になれば幸いである．

最後に，本書を執筆する機会を与えて下さった共立出版株式会社および編集委員のみなさまに，本書の原稿に対して貴重なご意見を頂いた，森田善久氏，物部治徳氏，清水隆秀氏，轟賢太氏にお礼申し上げたい．また，これまでの研究を支えてくれた家族の協力に感謝したい．

目　次

第1章　自然界の伝播現象　　1
1.1　ドミノ倒し　　1
1.2　ウェーブ　　2
1.3　マスクラットの侵入　　3
1.4　ランダムウォーク　　4
1.5　増殖　　7

第2章　反応拡散系に見られる伝播現象　　11
2.1　ロジスティック方程式　　11
2.2　捕食者と被食者　　13
2.3　競争系　　15
2.4　伝染病のモデル　　21
2.5　BZ反応　　25
2.6　神経伝播モデル　　27
2.7　アレン・カーン・南雲方程式　　29

第3章　拡散　　32
3.1　遷移確率　　32
3.2　走性と拡散　　37
3.3　拡散方程式の進行波解　　40
3.4　基本解　　42
3.5　補筆：(3.5)の導出　　43

目　次　v

第 4 章　1 次元進行波解　46
- 4.1　厳密解 ……………………………………………………… 46
  - 4.1.1　ハクスリー解 ………………………………………… 46
  - 4.1.2　パンルヴェの方法 …………………………………… 49
- 4.2　進行波解の存在 …………………………………………… 53

第 5 章　最大値の原理　67
- 5.1　楕円型方程式の最大値の原理 …………………………… 67
- 5.2　楕円型方程式の強最大値の原理とホップの補題 ……… 72
- 5.3　放物型方程式の最大値の原理 …………………………… 75
- 5.4　反応拡散系の比較原理と不変領域 ……………………… 84
- 5.5　優解・劣解 ………………………………………………… 91
- 5.6　進行波解の優解・劣解 …………………………………… 94
- 5.7　最大値の原理の応用 ……………………………………… 96

第 6 章　進行波解の性質　99
- 6.1　単安定系の進行波解 ……………………………………… 99
  - 6.1.1　伝播速度 ……………………………………………… 100
  - 6.1.2　多次元の場合 ………………………………………… 103
- 6.2　双安定系の進行波解 ……………………………………… 108
  - 6.2.1　漸近安定性 …………………………………………… 109
  - 6.2.2　多次元進行波解 ……………………………………… 114
  - 6.2.3　補筆：進行波解のまわりの線形化作用素のスペクトル　117

第 7 章　界面方程式　124
- 7.1　動曲線 ……………………………………………………… 124
- 7.2　界面方程式の導出 ………………………………………… 129
- 7.3　フィッツフュー・南雲型方程式の極限方程式 ………… 133
- 7.4　キネマティック方程式の導出 …………………………… 136

第 8 章　反応拡散系の進行波解　141
- 8.1　拡散競争系 ………………………………………………… 141

- 8.2 伝染病モデル 143
- 8.3 フィッツフュー・南雲方程式 147

第A章 力学系からの準備　153

第B章 関数解析学からの準備　162

第C章 数値計算法　166
- C.1 陽解法 166
- C.2 陰解法 170
- C.3 ADI法 173

参考文献　177

索引　182

第 1 章

自然界の伝播現象

「伝播」と書いて,「でんぱ」と呼ぶ.広辞苑によると「伝わりひろまること.広く伝わること.波動がひろがってゆくこと」とある.順番に伝わっていくことで,池に石を投げると波面が同心円上に広がっていくことをイメージしてもらえばよいだろう.音などの波は,振動として伝わっていく.しかし,振動現象でなくても伝播していく.「まえがき」に挙げたマスクラットの生息域の広がりもその一つである.この章では,伝播現象を概観するような例を挙げて,本書で取り扱う伝播現象の数理的側面を簡単に説明していく.

1.1 ドミノ倒し

伝播現象の身近な例として,ドミノ倒しを説明しよう.同じ大きさのドミノを一列に並べて,最初の 1 つを倒すと,順々に倒れていくゲームである.大きな体育館一杯のドミノが倒れていく様子をテレビで見た人も多いだろう.倒れるドミノを遠くから眺めていると,まるで生き物が動いているかのように進んでいく.倒れるドミノが次のドミノを倒すことを繰り返すことによって作り出される伝播現象である.同じ仕組みが繰り返されていると一定の速度で伝播していくが,ドミノの大きさを変えたり,坂を上っていく際には,速度が変わることも観察できる.ドミノは伝播現象を自分で簡単に作れる典型的な例と言える.

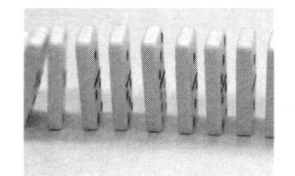

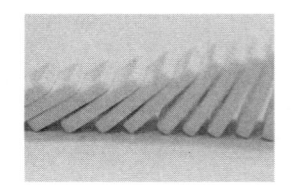

図1.1　ドミノ倒しに見られる伝播現象

1.2　ウェーブ

次に伝播現象の身近な例として，サッカーの試合などで見られる「ウェーブ」を取り上げよう．手を挙げて立ち上がって座るという動作を，観客が順に行うことにより，波が伝播していくように見えるパフォーマンスである．1986年のメキシコ・ワールドカップで始まったと言われ，「メキシカン・ウェーブ」とも言われる．ウェーブの進行速度は，観察によると秒速22席程度だそうである．このウェーブのモデルが [12, 13] で提唱されている．それを簡単にしたモデルを以下に述べよう．

観客席は，縦横 M, N からなる長方形領域としよう．観客の状態としては，座っている状態，立っている状態，休止している状態の3状態を考える．

(1) 座っている状態：自分と隣接する8人（前後左右と斜め）の客席のうちに1人でも立っている人がいれば，次のステップで立つ状態に変化する．端の席の場合は，存在する方の席だけを考えることにする．
(2) 立っている状態：1ステップ経てば，休止状態へ移行する．
(3) 休止状態：1ステップ経てば，座っている状態に移行する．

このルールで計算すると図1.2のようになる．ウェーブが一定速度で進行していく様子が観察できる．このパフォーマンスでは，人は移動していないのに，その状態変化だけが伝播していることに注意しておく．

[12, 13] では影響のある範囲を広く取り，異方性や閾値を設け，より現実的なモデルを作っている．詳しいことは，前述の論文を参照してほしい．

(a) 初期状態

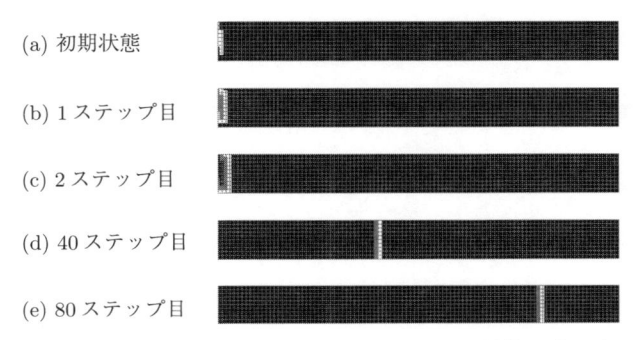

(b) 1 ステップ目

(c) 2 ステップ目

(d) 40 ステップ目

(e) 80 ステップ目

図1.2 ウェーブのシミュレーション．黒は座っている状態，白は立っている状態，グレーは休止状態を表している．

1.3 マスクラットの侵入

スケラムは，1951年に生物種の拡散についてまとめた論文 [43] の中で，マスクラットの分布と時間の関係について説明している．マスクラットは，沼などに生息するジャコウネズミに似た動物で，毛皮採取の目的でヨーロッパにもち込まれた．1905年に中央ヨーロッパから数匹が逃げ，30年ほどで西ヨーロッパの広範囲に広がっていった．その境目をプロットしたのが，図1.3 (a) である．年々，生息域が広がっているのが見てとれる．地形の要因

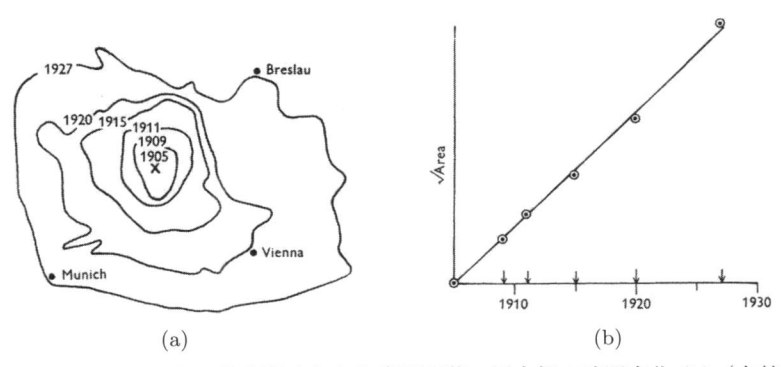

図1.3 マスクラットの分布図 (a) と生息域面積の平方根の時間変化 (b)（文献 [43] より引用）

などもあるのだろう，その生息域は必ずしも同心円となっていないが，生息域の面積を計算して，その平方根と時間の関係を調べると，図 1.3 (b) に見るように比例関係にある．つまり，同心円だとみなすと一定の速度で半径が大きくなっていることを意味している．山や川などの地形の影響があったにも関わらず，平均的には一定の速度で広がっていることも意味している驚くべき結果である．個々のマスクラットは，一定のスピードで広がっていこうという意識をもって行動していないのに，あたかもマスゲームやウェーブのように結果的には平均速度がぴたりと一定になっている．

1.4 ランダムウォーク

1 次元格子点を運動するバクテリアなどの生物を考えよう．時間 1 ステップ後に確率 1/2 で右に，確率 1/2 で左に 1 格子分だけ移動するとする．j ステップ目でのバクテリアの位置が n である確率を $P(n,j)$ と表すと，左からやってくる確率と右からやってくる確率の和となるので，

$$P(n,j+1) = \frac{P(n-1,j) + P(n+1,j)}{2} \tag{1.1}$$

となる．あるいは，以下のように考えることもできる．右に行くか，左に行くかを毎回コインの裏表で決めているとしよう．つまり，コインを投げて表が出ると右に，裏が出ると左に動くとする．すると，j 回コインを投げたとき，表が k 回，裏が $j-k$ 回出る確率は，

$$\frac{j!}{k!(j-k)!2^j}$$

である．バクテリアの位置 n は，右に k，左に $j-k$ 移動するので，

$$n = k - (j-k) = 2k - j$$

とわかる．これから $n-j$ は偶数でないといけないこともわかる．まとめると，

$$P(n,j) = \begin{cases} \dfrac{j!}{\left(\dfrac{j+n}{2}\right)!\left(\dfrac{j-n}{2}\right)!\,2^j} & (|n| \leq j \text{ かつ } j-n \text{ が偶数}), \\ 0 & (|n| > j \text{ または } j-n \text{ が奇数}) \end{cases}$$

となる．振り返って，(1.1) を見ると，$2^j P(n,j)$ は 2 項定理をみたすことを意味している．コンピュータの乱数を使って，バクテリアの運動をグラフにすると図 1.4 のようになる．最初の 100 ステップまでの軌跡が図 1.4 (a) であり，1000 ステップまでの軌跡が図 1.4 (b) である．このグラフでは，横軸が時間，縦軸が位置を表しているので，右左の運動が上下運動のグラフになっていることに注意しよう．1 ステップごとに右に左にと運動するので，ギザギザしたグラフになっている．100 ステップまでを見ていると，位置が正の方に少し動いているが，t 軸近くをうろうろしているのがわかる．つまり，最初の位置近くにいることを意味している．左右等確率で運動するので，最初の位置からそれほど離れないが，1000 ステップも運動する間には，原点から正の方に大きくはずれたり，逆に負の方にも大きくはずれたりしながらうろうろと運動するときもある．しかし，最初の位置から離れていない．バクテリアをまた原点に戻してから運動し始めれば，別の軌跡をたどるであろう．毎回違う軌跡をたどるので，1 回の軌跡を見ただけではバクテリアの運動はわからない．そこで，これを 100 回，1000 回と繰り返してみよう．すると，図 1.5 のようになる．t 軸近く，つまり，最初の位置近くでは，多くの軌跡が重なり合って真っ黒になっている．やはり，左右に等確率で運

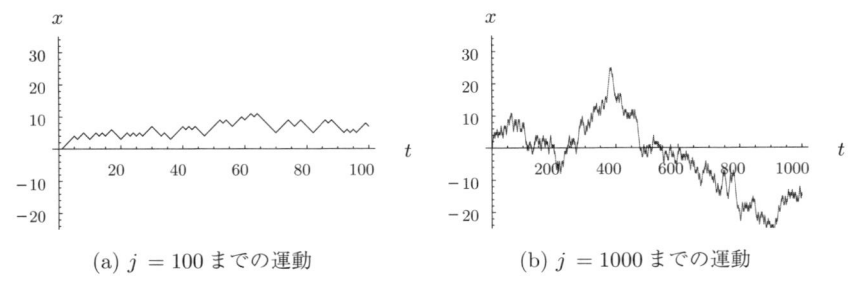

(a) $j = 100$ までの運動　　　　(b) $j = 1000$ までの運動

図 1.4 ランダムウォークの運動．横軸は時間ステップを表し，縦軸が空間の位置を表している．

6   第1章　自然界の伝播現象

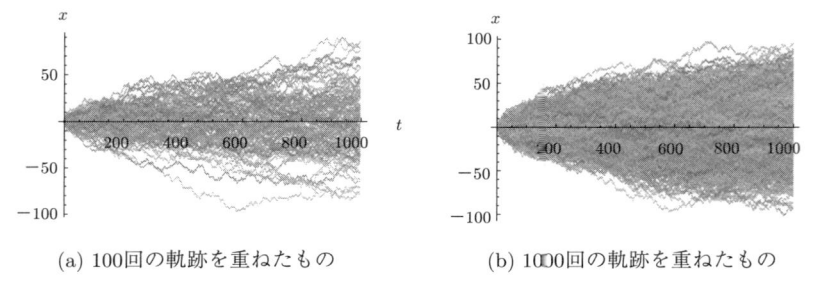

(a) 100回の軌跡を重ねたもの   (b) 1000回の軌跡を重ねたもの

図 1.5　ランダムウォークの軌跡．横軸は時間ステップを表し，縦軸が空間の位置を表している．

(a) 1000匹の分布   (b) 10000匹の分布

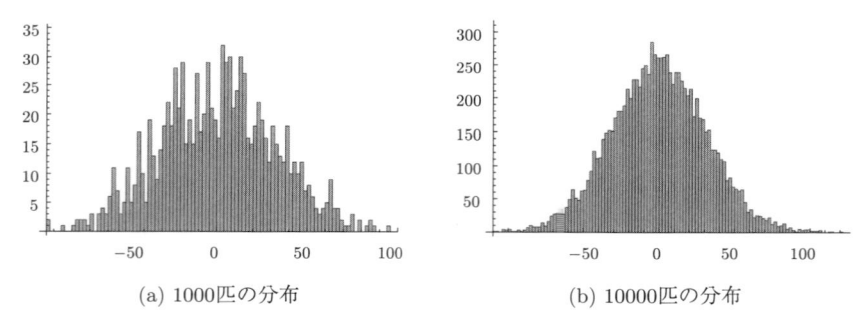

図 1.6　1000ステップ目の位置．横軸は位置を表し，縦軸がその位置にいるバクテリアの数を表している．

動するので，最初の位置の近くに存在していることが多くなり，軌跡が中心に分布していることがわかる．100回繰り返しただけでは，他の軌跡から大きくはずれたものもあるが，1000回繰り返すうちに，その近くにも別の軌跡が現れ，全体としては角々しさがなくなっているように見える．1000ステップ目の空間分布の様子を見るとより顕著にわかる．1000ステップ目に位置 n にいる回数を調べてみると図1.6のようになる．数を増やして1000回と10000回の場合を比較している．バクテリアを毎回原点に戻すと考えるより，1000匹，10000匹のバクテリアを原点において運動させ，1000ステップ目にそれぞれの位置に何匹いるか調べたと考える方がわかりやすいかもしれない．図1.6 (b) では，きれいなグラフが見えてきた．このように何回も繰り返すことにより1回1回の試行による不確かさから，その位置に存在す

る確率が定まってくる．図1.6の縦軸を試行の回数，つまり，それぞれ1000と10000で割ることにより，確率分布がだんだんと釣り鐘状の関数に収束していくことが見えてくる．具体的には，

$$G(x,t) := (4\pi t)^{-1/2} e^{-x^2/(4t)} \tag{1.2}$$

に収束している（演習問題1.1参照）．これは，**熱核 (heat kernel)** や熱方程式の**基本解 (fundamental solution)** と呼ばれるもので，拡散現象においても大変重要な役割をもつ．この関数は，$t > 0$ において

$$\frac{\partial G}{\partial t} = \frac{\partial^2 G}{\partial x^2}$$

をみたしている．簡単のために，t に関する偏導関数を G_t と下付添え字で表すこともある．つまり，

$$G_t = G_{xx}$$

とも表す．この方程式は，**拡散方程式 (diffusion equation)** や**熱方程式 (heat equation)** と呼ばれる．空間の次元が高い場合には，**ラプラス作用素（ラプラシアン，Laplacian）**

$$\Delta u := \sum_{j=1}^{N} \frac{\partial^2 u}{\partial x_j^2}$$

を用いて，

$$u_t = \Delta u$$

となる．詳しくは第3章で取り上げるが，1つ1つはランダムに動いているのに，平均すると（集団としてとらえると）普遍的な運動をしていることを示唆している．

1.5 増殖

生命現象では増殖・死滅を考えることが必要となる．これまでは生物が単に運動することを考えてきたが，実際にはいくつかの生物種がいろいろな関

8　第1章　自然界の伝播現象

係をもちながら共存している．ここでは，捕食者と被食者の関係を説明していく．まずは，捕食者・被食者の関係に注目するので，ランダムウォークの効果を忘れよう．つまり，空間には一様に分布している状況を考え，時間にしかよらない場合を取り扱う．その後，拡散効果を考慮することにする．

　多くの生物は生存するために，他者を食餌することにより養分を得ている．捕食者 (predator) は，生きるために被食者（餌 prey）が必要で，被食者の数が十分に多いときは，捕食者が増えていく　その増え方は，現在の個体数に比例すると考えられるので，これを方程式にしていけばよい．モデル構築の基本は，

$$\boxed{\text{単位時間あたりの変化量}} = \boxed{\text{入ってくる量}} - \boxed{\text{出ていく量}} \tag{1.3}$$

である．これを捕食者の数 $n(t)$ を用いて表そう．単位時間あたりの変化量は，導関数 dn/dt なので，出生数（入ってくる量）と死亡数（出ていく量）の差で表されるということである．つまり，

$$\frac{dn}{dt}(t) = bn(t) - dn(t) \tag{1.4}$$

となる．ここで，b は出生率，d は死亡率である．m を，出生率と死亡率の差 $b-d$ とおく．m は**増殖率 (growth rate)** あるいはマルサス係数などと呼ばれる．m が定数のとき，微分方程式 (1.4) は変数分離型なので

$$n(t) = n(0)e^{mt}$$

と解くことができる．増殖率 m が正のとき，個体数は時間とともに増え，m が負のとき，個体数は減少していく．この方程式で記述できる現象は，増殖する場合，個体数は無限に増大することになる．実際に急激に増大することも多いが，餌や養分などには限りがある．また生息に伴う老廃物も環境を悪化させるので，通常はいつまでも増大することは起きない．そのため，環境要因を考慮した方程式

$$\frac{dn}{dt}(t) = m\left(1 - \frac{n(t)}{K}\right)n(t) \tag{1.5}$$

が用いられる．ここで，Kは環境収容量とよばれる．この方程式は，ロジスティック方程式やフェアフルスト (Verhulst) のモデルと呼ばれる．詳しくは次章で扱うが，$n(t)$は最適な個体群数Kに収束するようになる．

さらに，この生物種がランダムウォークする場合には，時刻t，位置xでの密度分布$u(x,t)$のみたす方程式として

$$u_t = \Delta u + m(1-u)u \tag{1.6}$$

がよく用いられる．フィッシャー (Fisher) [17] やコルモゴロフ・ペトロフスキー・ピスクノフ (Kolmogorov-Petrovsky-Piskunov) [29] が同時期に取り扱ったので，本書では**フィッシャー・KPP(Fisher-KPP) 方程式**と呼ぶことにする．簡単のため$K=1$とした．1次元空間の場合の数値計算は，図1.7のようになる．一定時間ごとの解のグラフを重ねて描画している．初期値は，破線で示しているような階段状の関数で，**ヘビサイド関数 (Heaviside function)**

$$H(x) = \begin{cases} 1 & (x \geq 0), \\ 0 & (x < 0) \end{cases}$$

を用いて，$u(x,0) = H(-x)$としている．左側から生物種が侵入していく様子がわかる．時間とともに滑らかな曲線になり，その後は，形をほとんど変えずに等間隔で右に動いていくのが見てとれる．これは，速度を変えずに侵入していることを意味している．このように一定の形状を保って，一定の速度で移動する解を**進行波解 (traveling wave solution)** という．

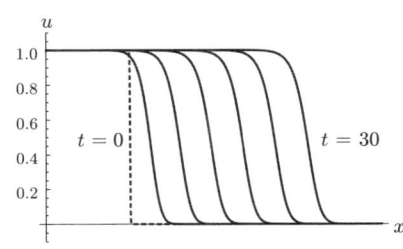

図 1.7 1次元空間の場合のフィッシャー・KPP方程式(1.6)の解の様子．初期値は，ヘビサイド関数としている．

図 1.8 2次元空間の場合のフィッシャー・KPP方程式 (1.6) の解の様子．黒色の部分が生物種の侵入領域で，時間とともに広がっていく．

それでは，2次元空間での数値計算を見てみよう．2つの円形の領域に侵入してきた生物種がどのように広がっていくのか調べたのが，図1.8である．黒い部分が，生物種の侵入した領域を示している．tが小さいときは初期状態の影響を受けているが，時間が経つにつれて，1つの連結した集合になり，次第にほぼ円形になりながら広がっていくのが見てとれる．この場合は，空間的に一様なので同心円的に広がっていくが，空間非一様な場合は，図1.3(a) のように広がっていく．詳しくは，第6章で説明する．

演習問題

1.1 Nが十分大きい自然数のとき，スターリングの公式

$$\log N! \approx N\log N - N + \frac{1}{2}\log N + \frac{1}{2}\log(2\pi)$$

が成り立つ．$x \in [j/N, (j+1)/N)$となるようにjをとりながらNを無限大にすることにより，区間$[x, x+\Delta x]$に粒子（バクテリア）が存在する確率$G(x,t)\Delta x$を$P(N,j)$から求めよ．

1.2 (1.2)で与えられる関数Gが$t>0$のとき$G_t = G_{xx}$をみたすことを確認せよ．

1.3 区間$[0,1]$上の熱方程式$u_t = u_{xx}$にノイマン境界条件

$$u_x(0,t) = u_x(1,t) = 0$$

を課す．このとき，解$u(x,t)$を固有関数展開によって求めよ．

1.4 前問の解$u(x,t)$は$t\to\infty$のとき定数に近づくことを示せ．

第 2 章
反応拡散系に見られる伝播現象

　この章では，増殖と拡散を伴う伝播現象を例に挙げながら説明していく．m 種類の生物種や化学物質が共存し，それらが拡散して，反応するモデルを考えよう．時刻 t, 位置 x での空間密度分布を $u_j(x,t)$ と表したとき，

$$u_{j,t} = d_j \Delta u_j + f_j(u_1,\ldots,u_m)$$

をみたすと考えられる．ここで，d_j は非負の定数で，f_j は $\mathbb{R}^m$ から $\mathbb{R}$ への関数であり，第 1 項は拡散による変化量を表しており，第 2 項は反応による変化量を表している．このような m 連立の方程式系は**反応拡散系 (reaction-diffusion system)** と呼ばれる．ここでは，反応拡散系の導出や方程式を理解する方法とともに，反応拡散系に現れる伝播現象を紹介していく．

2.1　ロジスティック方程式

　まず，人口のモデルや個体群数のモデルとして用いられるロジスティック方程式 (1.5) から始めよう．この方程式の解を数値計算すると，図 2.1 のようになる．実際，この方程式は変数分離型の微分方程式なので，

$$\int \frac{dn}{(1-n/K)n} = m \int dt$$

と変形して，左辺を部分分数分解すると，

12　第 2 章　反応拡散系に見られる伝播現象

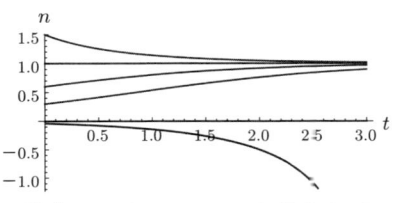

図 2.1　$K = m = 1$ の場合のロジスティック方程式 (1.5) の解の様子.初期値が正であれば,$t \to \infty$ で $n = 1$ に収束している.

$$\int \left(\frac{1}{K - n} + \frac{1}{n} \right) dn = m \int dt$$

となる.これを積分すると,積分定数 C を用いて

$$-\log|K - n| + \log|n| = mt + C$$

となり,これから log と絶対値をはずすと,

$$\frac{n}{K - n} = \pm e^{mt + C}$$

となる.$C' = \pm e^C$ とおいて,n について解くと,

$$n(t) = \frac{C' K e^{mt}}{1 + C' e^{mt}}$$

が得られる.$C' > 0$ のとき,$n(t)$ は $t \to \infty$ で K に収束することが解の表現からわかる.しかし,この収束性は,方程式を具体的に解かなくてもわかるようになっている方がいい.方程式の右辺を $f(n)$ とおこう.つまり,

$$f(n) = m \left(1 - \frac{n}{K} \right) n$$

とおくと,$y = f(x)$ のグラフから,$0 < n < K$ のとき $f(n) > 0$ で,$n > K$ のとき $f(n) < 0$ がわかる.方程式 (1.5) より,$0 < n < K$ のとき $n_t > 0$ なので,t について単調増大で,$n > K$ のとき,単調減少であることがわかる.定常解は $n = 0, K$ だけなので,初期値が正のとき,

$$\lim_{t \to \infty} n(t) = K$$

を示すことができる．このように符号だけでおよその解の様子がわかるようにしておくと，解の様子が簡単につかめるだけでなく，計算結果があっているかどうかのチェックにもなる．

方程式 (1.5) は，$n = Ku$ と変数変換すると，

$$\frac{du}{dt}(t) = m(1-u)u$$

となることに注意しておく．

2.2 捕食者と被食者

通常，餌となる被食者の数も時間とともに変動するので，捕食者・被食者の両者の数を考えなくてはならない．捕食者の数を $p(t)$，被食者の数を $n(t)$ としよう．捕食者の増殖率は被食者の数に依存すると考えられる．被食者が増えると増殖率が増加し，捕食者が増えると増殖率が減少するので，

$$\frac{dp}{dt}(t) = \Big(a_1 + b_1 n(t) - c_1 p(t)\Big) p(t)$$

となると考えられる．被食者の数も同じように考えることができる．捕食者が増えると被食者の増殖率は減少し，被食者が増えても増殖率が減少すると考えられるので，被食者の数に関する方程式は，

$$\frac{dn}{dt}(t) = \Big(a_2 - b_2 n(t) - c_2 p(t)\Big) n(t)$$

とたてられる．ロトカ (A. Lotka) とヴォルテラ (V. Volterra) はこの方程式を用いて，第1次世界大戦によって漁獲高が減少した理由を説明した．そのため，このタイプの方程式は，ロトカ・ヴォルテラ型方程式と呼ばれる．まとめると

$$\begin{cases} \dfrac{dp}{dt}(t) = \Big(a_1 + b_1 n(t) - c_1 p(t)\Big) p(t), \\ \dfrac{dn}{dt}(t) = \Big(a_2 - b_2 n(t) - c_2 p(t)\Big) n(t) \end{cases} \tag{2.1}$$

となる．

簡単のため，$a_1 = -1, a_2 = b_1 = c_2 = 1, c_1 = b_2 = 0$ の場合を考えよう．つまり

$$\begin{cases} \dfrac{dp}{dt}(t) = \Big(-1 + n(t)\Big)p(t), \\ \dfrac{dn}{dt}(t) = \Big(1 - p(t)\Big)n(t) \end{cases} \tag{2.2}$$

となる．この方程式の解の挙動を調べるために，pn 平面上での解の軌道を考える**相平面法 (phase plane method)** を用いよう．未知変数 p, n の 2 次元平面を**相平面 (phase plane)** という．ここで描くグラフは，時刻 t と生物種の数 p, n のグラフではなく，t が変化すると相平面上に p, n がどのように動いていくかを見ていくことであり，pn 平面での解 (p, n) の軌道に対応している．つまり，t を媒介変数とする曲線を考える．そのため，pn 平面上での軌道の傾き dn/dp を考察しよう．

$$\frac{dn}{dp} = \frac{dn/dt}{dp/dt} = \frac{(1-p)n}{(-1+n)p}$$

と変形すると，変数分離型の微分方程式となっているので，

$$\int \frac{n-1}{n} dn = \int \frac{1-p}{p} dp$$

を計算することにより，解軌道は

$$n - \log|n| = \log|p| - p + C$$

と積分定数 C を用いて表される．定数 C をいろいろと変化させてこの関係をグラフにすると図 2.2 (a) のようになる．実際，

$$ne^{-n}pe^{-p} = e^{-C}$$

と変形できるので，グラフ $z = xe^{-x}ye^{-y}$ の等高線を描くことになる．このグラフは，関数 xe^{-x} と ye^{-y} の積なので，図 2.2 (a) となることが手計

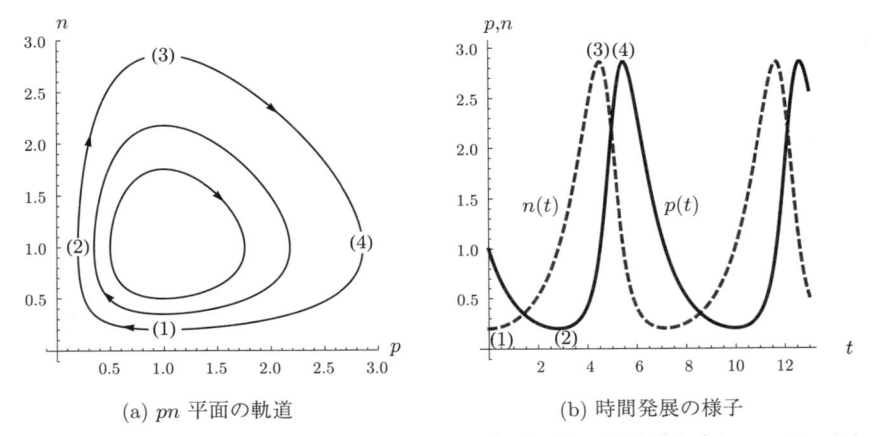

図 2.2 (2.2) の解軌道と解のグラフ. (a) は，相平面上の解軌道を表している. (b) は t と p,n の関係を表している．実線は $p(t)$ のグラフ，破線は $n(t)$ のグラフを表している.

算でもわかる．このグラフはさまざまなことを教えてくれる．まず，図 2.2 (a) の軌道が閉じていることから，時間周期解になっていることが見てとれる．また，(a) の (1)–(4) が (b) の (1)–(4) に対応しているので，(2.2) の解 $(p(t), n(t))$ は図 2.2 (b) のような概形になることがわかる．このように (a) のグラフから (b) のグラフが想像できるようにしておくと，解の様子が想像できてよい．

ここで増殖率と被食者や捕食者の関係は，(2.1) のように線形である必要はない．捕食者は，餌が多ければ多いだけ食べることを意味しており現実的ではないので，修正した方程式もよく用いられる．

2.3 競争系

これまでは，捕食者と被食者のモデルを考えてきたが，同じ食料を奪い合う競争種の方程式も同じ形で表現されることが多い．2 つの生物種の個体数を $p_1(t), p_2(t)$ で表すと，上と同様の考えから，

第 2 章 反応拡散系に見られる伝播現象

$$\begin{cases} \dfrac{dp_1}{dt}(t) = \Big(a_1 - b_1 p_1(t) - c_1 p_2(t)\Big) p_1(t), \\ \dfrac{dp_2}{dt}(t) = \Big(a_2 - b_2 p_1(t) - c_2 p_2(t)\Big) p_2(t) \end{cases} \quad (2.3)$$

と考えられる．c_1, b_2 は種間競争係数，b_1, c_2 は種内競争係数と呼ばれる．方程式 (2.3) の解の様子を**アイソクライン (isocline) 法**を用いて調べよう．アイソクライン法は多くの方程式に適用でき，解の様子を理解できる強力な方法である．

相平面法と同じように，$p_1 p_2$ 平面に解の軌道を描く．ベクトル

$$\left(\dfrac{dp_1}{dt}, \dfrac{dp_2}{dt} \right)$$

は，解軌道の接ベクトルとなっているので，点 (p_1, p_2) に接ベクトル

$$\Big((a_1 - b_1 p_1 - c_1 p_2) p_1, (a_2 - b_2 p_1 - c_2 p_2) p_2 \Big)$$

を対応させる**ベクトル場 (vector field)** を描くと，解軌道はベクトル場に沿った曲線として求められることになる．ベクトルの大きさを正確に描くのは難しいので，接ベクトルの向きを調べて解軌道を描こう．生物種 1 の増減は，方程式 (2.3) の第 1 式から 2 直線 $p_1 = 0$ と $a_1 - b_1 p_1 - c_1 p_2 = 0$ によって変化する．同様に，生物種 2 の増減は，2 直線 $p_2 = 0$ と $a_2 - b_2 p_1 - c_2 p_2 = 0$ を越えるたびに変化する．図 2.3 (a) のように $dp_1/dt, dp_2/dt$ が 0 となる線を描き，その線上にベクトルを書き入れよう．この場合なら，$dp_1/dt = 0, dp_2/dt = 0$ は 4 直線 $p_1 = 0, a_1 - b_1 p_1 - c_1 p_2 = 0, p_2 = 0, a_2 - b_2 p_1 - c_2 p_2 = 0$ となる．$p_1 = 0$ および $a_1 - b_1 p_1 - c_1 p_2 = 0$ 上では，$dp_1/dt = 0$ なので p_1 は変化せず，p_2 のみが変化する．そのため，ベクトルは垂直方向になる．同様に，$p_2 = 0$ および $a_2 - b_2 p_1 - c_2 p_2 = 0$ では，ベクトルは水平方向になる．次に，これらの直線で区切られた領域にベクトルを書き入れよう．2 直線 $a_1 - b_1 p_1 - c_1 p_2 = 0, a_2 - b_2 p_1 - c_2 p_2 = 0$ より上の領域では $dp_1/dt < 0, dp_2/dt < 0$ なので，左向きと下向きのベクトルを書こう．接ベクトルは 2 ベクトルの和なので，左下向きに解は動くことになる．他

2.3 競争系

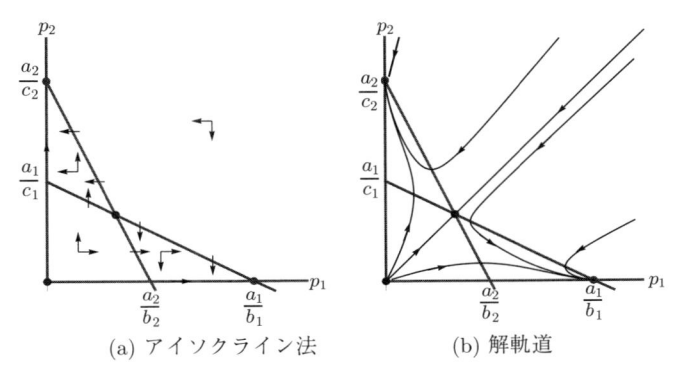

(a) アイソクライン法 (b) 解軌道

図 2.3 ロトカ・ヴォルテラ型方程式 (2.3) のアイソクライン法. $a_1 = b_1 = a_2 = c_2 = 1, c_1 = b_1 = 2$ の場合.

の領域も同じようにベクトルを描いていくと, 図 2.3 (a) ができる. ここで, a_j, b_j, c_j の値によって図は変化するので, 違う図になっても心配する必要はない. あとは, このベクトルの向きに沿うように解の軌道を描けばよい. このとき, 直線 $a_1 - b_1 p_1 - c_1 p_2 = 0$ を横切るときは垂直に, 直線 $a_2 - b_2 p_1 - c_2 p_2 = 0$ を横切るときは水平になるように注意しながら描くとよい. 数値計算した軌道は, 図 2.3 (b) のような図になっている. それほど違わない図が描けたことと思う. しかし, 後述するようにこの情報だけでは描けない場合も多い.

ロトカ・ヴォルテラ方程式の場合, 2 直線の位置関係によって解軌道の様子が変化する. つまり, $a_1/b_1, a_2/b_2$ および $a_1/c_1, a_2/c_2$ の大小関係によって 4 通りに分類できる (図 2.4).

(a) $\dfrac{c_2}{c_1} < \dfrac{a_2}{a_1} < \dfrac{b_2}{b_1}$ の場合：$(a_1/b_1, 0)$ と $(0, a_2/c_2)$ が安定な定常解で, $(0,0)$ と $(p_1^*, p_2^*) := \left(\dfrac{a_2 c_1 - a_1 c_2}{b_2 c_1 - b_1 c_2}, \dfrac{a_1 b_2 - a_2 b_1}{b_2 c_1 - b_1 c_2} \right)$ が不安定な定常解になっていて, $t \to \infty$ での収束先は初期値に依存している. もう少し詳しく説明すると, (p_1^*, p_2^*) に収束する軌道（安定多様体ともいう）が境界となっていてその軌道の上下によって生物種 1 が絶滅するか, 生物種 2 が絶滅するかが決まってくる. 種間競争系数が大き

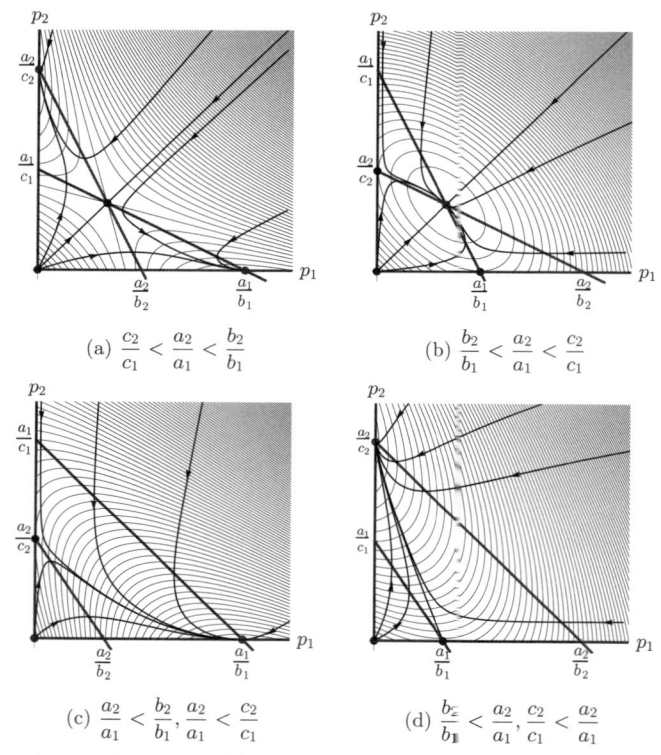

(a) $\dfrac{c_2}{c_1} < \dfrac{a_2}{a_1} < \dfrac{b_2}{b_1}$

(b) $\dfrac{b_2}{b_1} < \dfrac{a_2}{a_1} < \dfrac{c_2}{c_1}$

(c) $\dfrac{a_2}{a_1} < \dfrac{b_2}{b_1}, \dfrac{a_2}{a_1} < \dfrac{c_2}{c_1}$

(d) $\dfrac{b_2}{b_1} < \dfrac{a_2}{a_1}, \dfrac{c_2}{c_1} < \dfrac{a_2}{a_1}$

図 2.4 ロトカ・ヴォルテラ型方程式 (2.3) の解の挙動の分類．太い曲線は解軌道を表し，細い曲線はリャプノフ関数の等高線を表している．

いとき，この場合に対応する．

(b) $\dfrac{b_2}{b_1} < \dfrac{a_2}{a_1} < \dfrac{c_2}{c_1}$ の場合：(p_1^*, p_2^*) が安定で，3つの定常解 $(a_1/b_1, 0)$, $(0, a_2/c_2)$, $(0, 0)$ は不安定になる．すべての初期値がともに正の解は，$t \to \infty$ のとき安定な定常解 (p_1^*, p_2^*) に収束する．2つの生物種が共存する状態が安定な競争関係で，競争は弱いと言える．

(c) $\dfrac{a_2}{a_1} < \dfrac{b_2}{b_1}, \dfrac{a_2}{a_1} < \dfrac{c_2}{c_1}$ の場合：$(a_1/b_1, 0)$ が安定で，2つの定常解 $(0, a_2/c_2)$, $(0, 0)$ は不安定になる．すべての初期値がともに正の

解は，$t \to \infty$ のとき安定な定常解 $(a_1/b_1, 0)$ に収束する．種2のみが絶滅する状態になっている．

(d) $\dfrac{b_2}{b_1} < \dfrac{a_2}{a_1}, \dfrac{c_2}{c_1} < \dfrac{a_2}{a_1}$ の場合：$(0, a_2/c_2)$ が安定で，2つの定常解 $(a_1/b_1, 0), (0, 0)$ は不安定になる．すべての初期値がともに正の解は，$t \to \infty$ のとき安定な定常解 $(0, a_2/c_2)$ に収束する．種1のみが絶滅する状態になっている．

(a) の場合は，安定定常解が2つなので，**双安定 (bistable) 系**，(b),(c),(d) は安定定常解が1つなので，**単安定 (monostable) 系**と呼ばれる．

アイソクライン法で描いた解軌道から，上で説明したような解の挙動は予想できる．解のおよその様子がわかることは重要であるが，厳密に考えることも同時に重要である．数学的には，リャプノフ関数を用いる．

$$V(x, y) := b_1 b_2 (x - p_1^*)^2 + 2 c_1 b_2 (x - p_1^*)(y - p_2^*) + c_1 c_2 (y - p_2^*)^2$$

とおくと，

$$\begin{aligned}\frac{d}{dt} V(p_1(t), p_2(t)) &= \left\{ 2 b_1 b_2 (p_1 - p_1^*) + 2 c_1 b_2 (p_2 - p_2^*) \right\} \frac{dp_1}{dt} \\ &\quad + \left\{ 2 c_1 b_2 (p_1 - p_1^*) + 2 c_1 c_2 (p_2 - p_2^*) \right\} \frac{dp_2}{dt} \\ &= -\frac{2 b_2}{p_1} \left(\frac{dp_1}{dt} \right)^2 - \frac{2 c_1}{p_2} \left(\frac{dp_2}{dt} \right)^2 \leq 0 \end{aligned}$$

となり，$V(p_1(t), p_2(t))$ は時間とともに減少する．p_1, p_2 の時間変化が0でない場合は，V は減少し続け平衡点に収束する．このような関数はリャプノフ **(Lyapunov) 関数**と呼ばれる．

(b) の場合，つまり，

$$\frac{b_2}{b_1} < \frac{a_2}{a_1} < \frac{c_2}{c_1}$$

のとき，$V(x, y) = C$ は楕円を表す2次曲線となっており，(p_1^*, p_2^*) で最小値をとることがわかる．また，$p_1(0) > 0, p_2(0) > 0$ のとき

$$p_1(t) = p_1(0) e^{\int_0^t (a_1 - b_1 p_1(s) - c_1 p_2(s)) ds}, \quad p_2(t) = p_2(0) e^{\int_0^t (a_2 - b_2 p_1(s) - c_2 p_2(s)) ds}$$

より，$p_1(t), p_2(t)$ はともに正であることがわかる．このような解を**正値解**という．第1象限には (p_1^*, p_2^*) 以外，V の極値をもたないので，$(p_1(t), p_2(t))$ は $t \to \infty$ のとき (p_1^*, p_2^*) に収束することがわかる．

(c),(d) の場合は，平衡点 (p_1^*, p_2^*) は第1象限にないので，その次に V が小さい平衡点に収束することがわかる．

$$V(a_1/b_1, 0) - V(0, a_2/c_2) = \frac{a_1^2 c_1}{c_2}\left(\frac{a_2^2}{a_1^2} - \frac{b_2 c_2}{b_1 c_1}\right)$$

と計算できるので，(c) のとき $(a_1/b_1, 0)$ に収束し，(d) のとき $(0, a_2/c_2)$ に収束することがわかる．

一方，(a) の場合は，$V(x, y) = C$ は双曲線となっていて，正値解は3つの定常解

$$(a_1/b_1, 0), \quad (0, a_2/c_2), \quad (p_1^*, p_2^*)$$

のいずれかに収束することがわかる．

これまでは，空間的に一様に分布する生物種を考察してきた．空間を考慮するとある生物種の生息域に新しい生物種が侵入してくるような現象を表現できる．競争系に拡散の効果を考慮したモデルが拡散競争系

$$\begin{cases} \dfrac{\partial p_1}{\partial t} = d_1 \Delta p_1 + \left(a_1 - b_1 p_1 - c_1 p_2\right) p_1, \\ \dfrac{\partial p_2}{\partial t} = d_2 \Delta p_2 + \left(a_2 - b_2 p_1 - c_2 p_2\right) p_2 \end{cases} \quad (2.4)$$

である．この方程式をノイマン境界条件下で数値計算すると，図 2.5 のようになる．

生物種2が生息している場所に，新たな生物種1が侵入してきた状況を考えている．そのため，初期値は図 2.5 (a) のようにとっている．ここでは，双安定型（図 2.4 (a)）の状況を設定しよう．生物種1, 2の個体数分布は，時間とともに図 2.5 (b), (c), (d) のように変化する．この初期値から始めると，生物種1は減っていき，ほぼ絶滅していくように見える．しかし，生物種1は速く拡散するので，生物種2の生息していない空き地に先に侵入し，そこで生き残ることに成功している．しかし，生物種2が生物種1の生息域を追

|(a) 初期分布|(b) $t=2$|(c) $t=4$|(d) $t=6$|

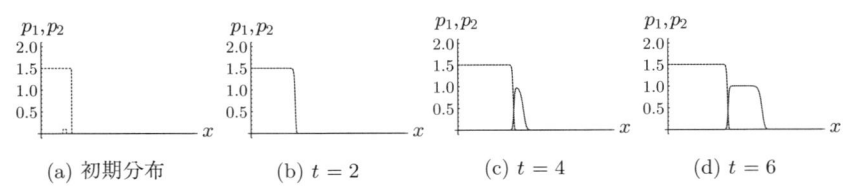

図 2.5 拡散競争系 (2.4) の解の様子. $a_1=1, b_1=1, c_1=2, a_2=2, b_2=2, c_2=1, d_1=5, d_2=1$ の場合の時間発展の様子. 実線が生物種 1 の個体数分布, 破線が生物種 2 の個体数分布を表している.

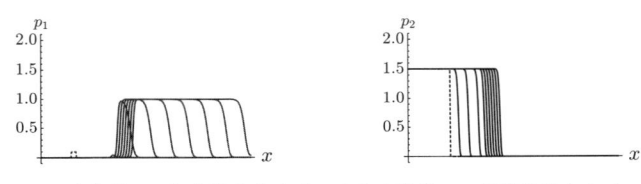

(a) 生物種 1 の個体数分布 (p_1)　(b) 生物種 2 の個体数分布 (p_2)

図 2.6 拡散競争系 (2.4) の解を一定時間ごとに重ねた図. $a_1=1, b_1=1, c_1=2, a_2=2, b_2=2, c_2=1, d_1=5, d_2=1$ の場合. 初期分布は破線で表している.

いやっていくので, いずれは絶滅することになるのだろう. 一定時間ごとの分布を重ねた (superimpose) ものが図 2.6 である. このグラフは重なっているので見にくいが, 一定速度で移動している様子が見てとれる. それだけでなく, 生息域が広がる速度には 3 種類あることがわかる. まず, 生物種 2 が空き地に侵入する速度, 次に, 生物種 1 と生物種 2 の境界が移動する速度, 生物種 1 が空き地に侵入する速度である. それぞれの速度が違うことは, 曲線の間隔が異なることからわかるだろう. これは, 弱い生物種でも素早く動くことにより新天地で生息域を広げることで生き延びることができることを教えてくれている.

2.4 伝染病のモデル

ここではヨーロッパにおけるペストの流行や狂犬病の流行などを記述する感染症の数理モデル——カーマック・マッケンドリック (Kermack-

McKendrick) モデル——を紹介しよう．

　病原菌に感染する感受性のある人口（簡単のため未感染者と記すこともある），他者に感染させることのできる感染者の人数，回復または免疫をもったことにより感染しない人口をそれぞれ $S(t)$, $I(t)$, $R(t)$ とする．全人口 $N(t)$ は，3つの状態の和となるので

$$N(t) = S(t) + I(t) + R(t)$$

が成り立っている．$S(t)$ は未感染者の人口で，感染者で出会うことにより感染していく．したがって，増加率は，感染者数に比例するので，

$$\frac{dS}{dt} = -\beta S(t) I(t)$$

となる．$\beta I(t)$ は感染力を表していることになる．単位時間あたり $\beta S(t) I(t)$ だけ感染者数は増えるので，

$$\frac{dI}{dt} = -\gamma I(t) + \beta S(t) I(t)$$

となる．ここで，γ は回復率あるいは隔離率である．回復あるいは隔離された人の数は，

$$\frac{dR}{dt} = \gamma I(t)$$

をみたすので，以上をまとめると

$$\begin{cases} \dfrac{dS}{dt} = -\beta S(t) I(t), \\ \dfrac{dI}{dt} = -\gamma I(t) + \beta S(t) I(t), \\ \dfrac{dR}{dt} = \gamma I(t) \end{cases} \tag{2.5}$$

となる．S と I の方程式に R は含まれていないので，(2.5) の上2つの方程式だけで解くことができる．つまり，

$$\begin{cases} \dfrac{dS}{dt} = -\beta S(t)I(t), \\ \dfrac{dI}{dt} = -\gamma I(t) + \beta S(t)I(t) \end{cases} \quad (2.6)$$

だけを考えればよい．このような場合，S と I について**閉じている**という．これで求めた S と I を用いて，

$$R(t) = R(0) + \int_0^t \gamma I(s)ds$$

と積分すれば，$R(t)$ は計算できる．方程式の数が少なくなるので解析がずいぶん簡単になる．この場合は，もっと簡単に R を求めることもできる．3式を足し合わせると，

$$\frac{d}{dt}(S+I+R) = 0$$

となり，総人口 $N(t)$ は一定となる．それを N_0 としよう．$R(t)$ は，$S(t)$ と $I(t)$ から $R(t) = N_0 - S(t) - I(t)$ と求められるためである．

　カーマック・マッケンドリックモデル (2.6) を数値計算すると図 2.7 のようになる．これは，時間 t と個体数 S, I のグラフである．未感染者の数は，時間とともに減少している．感染者は，一旦増えるが，また 0 に収束していく．これは，感染症が一度流行したことを意味している．これを S と I の相平面にアイソクライン法で描くと，図 2.8 のように $S = \gamma/\beta$ を境に左上向きのベクトルから左下向きのベクトルに変化する．

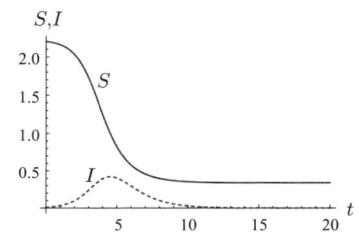

図 2.7 (2.6) の解の様子．$\beta = \gamma = 1$ の場合．

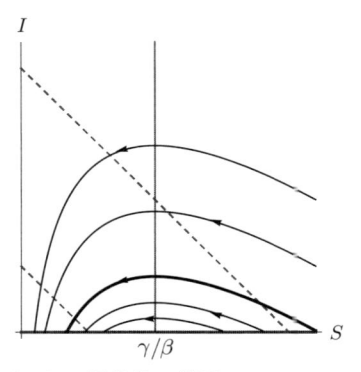

図2.8 (2.6) の解軌道の様子. $\beta = \gamma = 1$ の場合.

未感染者数 S が減る間に，感染者数 I が増えている．図 2.8 の太線の曲線（解軌道）が，図 2.7 の解に対応している．両者の関係がわかるようになっているとよい．

なお，$R(0) = 0$ と考えるのが自然なので，$S(0) + I(0) = N_0$ ととることになる．どんな初期値から出発してもいいというより，直線 $S(0) + I(0) = N_0$ から出発するのがよいということになる．図 2.8 の破線が，その直線である．$S(0)$ が多いときは，上側の破線上の S 軸近くから出発する軌道に対応するので，感染症は一度流行した後，感染者数は減衰していくことがわかる．$S(0)$ が小さいときは，図 2.8 の下側の破線上から出発する軌道に対応しており，感染症は単調に減っていくことがわかる．正確に言うと，$\beta S(0)/\gamma$ が 1 より大きいか小さいかによって感染症の流行が起きるか否かが決まる．$\beta S(0)/\gamma$ は基本再生産数と呼ばれ，この数を小さくなるようにすれば，感染症の流行を抑えることができる．ワクチンの接種は $S(0)$ を減らすことに対応し，感染者の隔離は γ を大きくすることに対応し，ともに基本再生産数を小さくするので，感染症対策として有効な手段であることを意味している．

次にランダムウォークを考慮したモデル

$$\begin{cases} S_t = d_S \Delta S - \beta SI, \\ I_t = d_I \Delta I - \gamma I + \beta SI \end{cases} \tag{2.7}$$

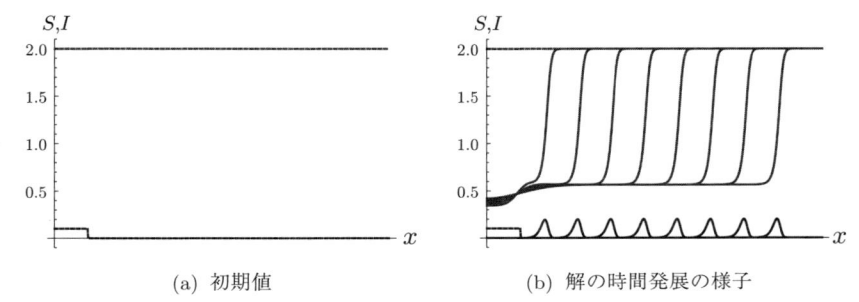

図 2.9 (2.7) の解の様子. $\beta = \gamma = 1$ の場合. 破線は $S + I =$ 定数を表している. 上側は S, 下側が I の分布を表している.

を考えよう. この方程式を数値計算[1]すると, 図 2.9 のようになる. 点線が初期値を表しており, 一定時間ごとの解の空間分布を重ねた図になっている. 左側の一部にのみ感染者がいる状態を初期分布としている. 山形になっているのが感染者の分布であり, 左から右へと感染が広がっていく様子が見てとれる. 同時に, 未感染者の減少が右へと一定速度で移動している. これは, 流行が一定速度で伝播していることを表現している.

2.5 BZ 反応

BZ 反応とは, ベロウソフ・ジャボチンスキー (Belousov-Zhabotinsky) 反応の略で, 周期的な反応を起こす有名な化学反応である. 化学反応の全反応は,

$$2\text{BrO}_3^- + 3\text{CH}_2(\text{COOH})_2 + 2\text{H}^+ \longrightarrow 2\text{BrCH}(\text{COOH})_2 + 3\text{CO}_2 + 4\text{H}_2\text{O}$$

であるが, その素過程は複雑であり, 多くの化学組成に関する微分方程式となる. そのため, それらを簡単にした**ブラッセレータ (Brusselator)** と**オレゴネータ (Oregonator)** が有名である. 本シリーズ『生物リズムと力学系』[58] にはブラッセレータが解説してあるので, オレゴネータを紹介し

---

[1] 本書では反応拡散系を数値計算する場合, 特に断らない限りノイマン境界条件を課している.

よう．まず，大きく3つのプロセスに分解できる．Br^- から Br_2 が生成されるプロセス，$HBrO_2$ が自己触媒的に増えるプロセス，Br_2 から Br^- の生成プロセスである．これらのプロセスが繰り返されることにより振動現象が起きる．$A = BrO_3^-, B = BrCH(COOH)_2, P = HOBr, U = HBrO_2, V = Ce^{4+}, W = Br^-$ と簡略に表現すると，

$$\begin{aligned} A + W &\longrightarrow U + P, \\ U + W &\longrightarrow 2P, \\ A + U &\longrightarrow 2U + 2V, \\ 2U &\longrightarrow A + P, \\ B + V &\longrightarrow hW \end{aligned}$$

が主要な反応となることがわかる．A, B は十分多量に存在するとして，U, V, W の濃度をそれぞれ u, v, w とすると（変数変換で無次元化したのち，）以下のような方程式が得られる．

$$\begin{cases} \alpha \dfrac{du}{dt} = cw - uw + u - u^2, \\ \dfrac{dv}{dt} = u - v, \\ \varepsilon \dfrac{dw}{dt} = -cw - uw + bv. \end{cases}$$

ここで，ε が十分に小さいことから，$w = bv/(c+u)$ と期待されるので，

$$\begin{cases} \alpha \dfrac{du}{dt} = u - u^2 + \dfrac{bv(c-u)}{u+c}, \\ \dfrac{dw}{dt} = u - v \end{cases} \tag{2.8}$$

が得られる．これが，オレゴネータである．

この反応溶液をシャーレに広げると，ターゲットパターンやスパイラルパターンなどが観察される．詳しいことは，[58] や [65] を参照してほしい．

2.6 神経伝播モデル

細胞膜をイオン電流の並列回路でモデル化したものが，ホジキン・ハクスリー (Hodgkin-Huxley) 方程式である．詳細はここでは述べないが，ナトリウムイオンとカリウムイオンが細胞膜を通り抜けることによって生じる電位を表現したモデルである．このモデルでは，反応速度の違いを用いて方程式を簡単にすることができる．それらの方程式の定性的性質を取り出したのが，フィッツフュー・南雲 (FitzHugh-Nagumo) 方程式やマッキーン (McKean) モデルである．ここでは，フィッツフュー・南雲方程式を取り上げよう．**フィッツフュー・南雲方程式**は 2 変数の反応拡散系で

$$\begin{cases} u_t = d_1 \Delta u + \dfrac{1}{\varepsilon}\Big(u(u-a)(1-u) - v\Big), \\ v_t = d_2 \Delta v + \alpha u - \beta v - \gamma \end{cases} \tag{2.9}$$

という形をしている．まず，アイソクライン法で常微分方程式系

$$\begin{cases} u_t = \dfrac{1}{\varepsilon}\Big(u(u-a)(1-u) - v\Big), \\ v_t = \alpha u - \beta v - \gamma \end{cases} \tag{2.10}$$

の解の動きを把握しよう．上式 (2.10) の右辺をそれぞれ $f(u,v)$, $g(u,v)$ とおく．$f(u,v) = 0$ および $g(u,v) = 0$ を描いたのが，図 2.10 である．アイソ

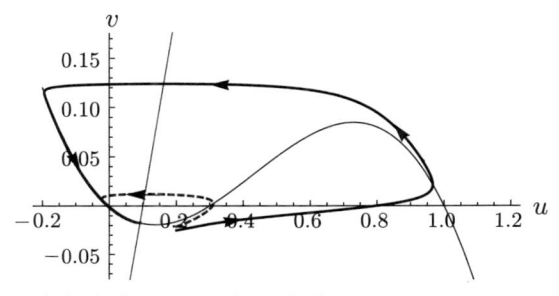

図 2.10 常微分方程式系 (2.10) の解の挙動 ($a = 0.3, \varepsilon = 0.005, \alpha = 1, \beta = 0.5, \gamma = 0.1$)．実線は $f(u,v) = 0$，破線は $g(u,v) = 0$ を表している．矢印付きの太実線，太破線は解軌道を表している．

クライン法からおよその解の軌道がわかる．しかし，アイソクライン法だけでは，解が定常解に収束するのか，周期解に収束するのかわからない．数値計算した解軌道から，初期値に非常に敏感に反応することもあることがわかる．図 2.10 にあるように，初期値を少し変えただけで，軌道が大きく変化している．これは，ある閾値を超えると神経が興奮し，それを超えないと興奮しないことに対応している．次に，方程式 (2.9) を 1 次元空間で数値計算すると図 2.11 のようになる．左側からの刺激によって神経の興奮状態が右に伝播していく様子が見てとれる．このように，同じ状態から同じ状態に戻るような進行波は，**パルス解 (pulse wave)** と呼ばれる．詳しくは第 8 章で説明する．

さらに 2 次元空間で数値計算してみよう．y によらず x にだけ依存する 1 次元進行波が存在する．これは**平面波 (planar wave)** と呼ばれる．パルス解から構成した平面波を，ある時刻に半分だけ取り除いたのが，図 2.12 である．切り取られたために生じた端点が動くことにより，スパイラルが発生している．スパイラル波を扱うのに有効な手法は第 7 章で紹介する．

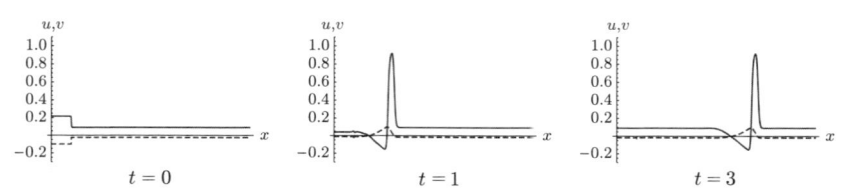

図 2.11 1 次元空間の場合のフィッツフュー・南雲方程式 (2.9) の解の様子 ($a = 0.3, \varepsilon = 0.005, \alpha = 1, \beta = 0.5, \gamma = 0.1, c_1 = 0.005, d_2 = 0$). 実線は u，破線は v を表している．

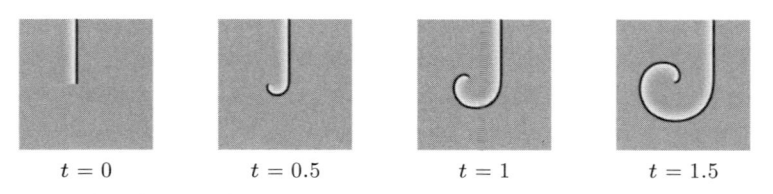

図 2.12 2 次元空間の場合のフィッツフュー・南雲方程式 (2.9) の解の様子．色の濃淡が u の密度を表している．パラメータは図 2.11 と同じ．

本書では，(2.10) が同じような挙動をもつ非線形項のとき，(2.9) を**フィッツフュー・南雲型方程式**と呼ぶことにする．

2.7 アレン・カーン・南雲方程式

カーン・ヒリアード (Cahn-Hilliard)[6] は自由エネルギーと界面エネルギーの考え方を使って，組成幅が非常に広い析出物の核生成を取り扱った．図1のような結晶粒界の運動や2元合金の分布などにも応用できる．実際，アレン・カーン (Allen-Cahn)[1] はカーン・ヒリアード [6] の考え方を使って，鉄とアルミニウムの2元合金の界面形成を説明している．詳しくは，[1] や [60] を見るといいだろう．

u を秩序変数とし，$u = 0$ と $u = 1$ が2つの安定な状態を表すものとする．自由エネルギーは界面エネルギーと内部エネルギーの和と考えられ，

$$J = \int \left\{ \frac{d}{2}|\nabla u|^2 + W(u) \right\} dx$$

と表される．これはギンツブルグ・ランダウ (Ginzburg-Landau) 型のエネルギーと呼ばれる．ここで，$W(u)$ は自由エネルギーに対応している．1相しか安定でない場合（たとえば温度が高いとき）は極小な点は1つであるが，（徐々に温度を下げることによって）安定な2相が共存するような場合には，2つの極小な点をもつ．ここでは，安定な2相が共存する場合を考え，$u = 0, 1$ で極小となるような関数とする．このエネルギー J から $L^2(\Omega)$ 空間でオイラー・ラグランジュ (Euler-Lagrange) 方程式を導出すると以下のような反応拡散方程式が導かれる：

$$u_t = d\Delta u + f(u). \tag{2.11}$$

ここで，$f(u) = -W'(u)$ とし，d は正とする．$f(u) = u(1-u)(u-a)$ のとき，南雲 (Nagumo) 方程式あるいはアレン・カーン方程式と呼ばれる．本書では，**アレン・カーン・南雲 (Allen-Cahn-Nagumo) 方程式**と呼ぶことにする．対応する常微分方程式 $u_t = f(u)$ は，2つの安定平衡点 $0, 1$ をもつ双安定系になっている．双安定な一般の非線形項 f に対しては，(2.11) を**アレ**

ン・カーン・南雲型方程式と呼ぶことにする．1次元空間の場合，(2.11) に非線形項を代入すると方程式は，

$$u_t = du_{xx} + u(1-u)(u-a), \qquad 0 < a < 1 \qquad (2.12)$$

となっており，南雲・吉澤・有本 (Nagumo-Yoshizawa-Arimoto)[35] はトンネルダイオードを用いた双安定状態をもつ伝送回路のモデルとして実現している．潜熱がない場合の相転移問題などからも現れる．なお，J から空間平均が 0 となる $H^{-1}(\Omega)$ 空間でオイラー・ラグランジュ方程式を導出するとカーン・ヒリアード方程式が導出できることを付記しておく．

$f(u) = u(1-u)$ のとき，方程式 (2.11) はフィッシャー・KPP 方程式 (1.6) と同じである．この場合，対応する常微分方程式は，0 が不安定平衡点，1 が安定平衡点となる単安定系になっている．単安定な非線形項 f に対しては，(2.11) を**フィッシャー・KPP (Fisher-KPP) 型方程式**と呼ぶことにする．

演習問題

2.1 協調系

$$\begin{cases} \dfrac{du}{dt} = (1 - u + av)u, \\ \dfrac{dv}{dt} = (1 + bu - v)v \end{cases}$$

を考える．$a, b \in (0,1)$ のとき，解の様子をアイソクライン法を用いて描け．

2.2 捕食者と被食者のモデル (2.2) をもう少し一般にした方程式

$$\begin{cases} \dfrac{dp}{dt} = (-a + n)p, \\ \dfrac{dn}{dt} = (b - p)n \end{cases}$$

を考えよう．この場合には $(p, n) = (b, a)$ が正値定常解になる．$(p(t), n(t))$ を周期 T の周期解とするとき，

$$\frac{1}{T}\int_0^T p(t)dt = b, \quad \frac{1}{T}\int_0^T n(t)dt = a$$

であることを示せ.

2.3 薬剤散布により害虫を駆除する害虫駆除を考えよう．通常，薬剤散布は害虫を駆除する効果もあるが，害虫を食べる捕食者にも影響を与える．前問を用いて，害虫駆除によって害虫が増えることもあり得ることを説明せよ．

第3章

拡散

前章では反応拡散系を取り上げ，反応項によって定められる力学系について説明した．この章では拡散の方に注目しよう．拡散方程式の導出を遷移確率や走性などを交えて説明していく．

3.1 遷移確率

第1.4節で扱ったランダムウォークを思い出そう．左右に確率 $1/2$ で移動する場合を取り扱ったが，確率 p で移動する場合を考えよう．確率 $1-2p$ で動かないことになるので，バクテリアが $j+1$ ステップ目に位置 n に存在する確率は

$$P(n, j+1) = pP(n-1, j) + pP(n+1, j) + (1-2p)P(n, j)$$

と計算できる．これを

$$P(n, j+1) - P(n, j) = p\Big(P(n-1, j) - 2P(n, j) + P(n+1, j)\Big) \quad (3.1)$$

と変形し，時間ステップや空間ステップをだんだん小さくしていくことを考える．つまり，1ステップの時間を小さくして，その間に動く距離も小さくすることを考える．$t = j\Delta t, x = n\Delta x$ とおいて $\Delta t, \Delta x$ を小さくして

$$u(x, t) = P(n, j)$$

とおこう．すると，(3.1) は，

$$\frac{u(x,t+\Delta t)-u(x,t)}{\Delta t} = \frac{p(\Delta x)^2}{\Delta t}\frac{u(x-\Delta x,t)-2u(x,t)+u(x+\Delta x,t)}{(\Delta x)^2}$$

と変形できる．p も $\Delta t, \Delta x$ とともに変化すると考えるのが自然である．特に

$$\lim_{\Delta x, \Delta t \to 0} \frac{p(\Delta x)^2}{\Delta t} = d > 0$$

を仮定しよう．

$$\frac{u(x-\Delta x,t)-2u(x,t)+u(x+\Delta x,t)}{(\Delta x)^2}$$

$$= \frac{\dfrac{u(x+\Delta x)-u(x)}{\Delta x} - \dfrac{u(x)-u(x-\Delta x)}{\Delta x}}{\Delta x}$$

に注意すると，1次元の拡散方程式

$$u_t = d u_{xx} \tag{3.2}$$

が極限として得られる．d は**拡散係数 (diffusion coefficient)** と呼ばれる．(3.2) は熱伝導を表現する方程式としても用いられ，すでに述べたように熱方程式とも呼ばれる．

ここで，u は位置 x, 時刻 t におけるバクテリアの存在確率であるが，バクテリアに相互作用がないとすると，すべてのバクテリアの存在確率を足し合わせれば密度分布が得られるので，バクテリアの密度分布もまったく同じ方程式をみたすことになる．

左右を等確率に運動するとしたが，必ずしも等確率とは限らない．右に動く確率を p, 左に動く確率を q として，

$$P(n,j+1) = pP(n-1,j) + qP(n+1,j) + (1-p-q)P(n,j)$$

を考えることもできる．この場合，p, q と $\Delta t, \Delta x$ に

$$d = \lim_{\Delta x, \Delta t \to 0} \frac{(p+q)(\Delta x)^2}{2\Delta t} > 0, \quad a = \lim_{\Delta x, \Delta t \to 0} \frac{(q-p)\Delta x}{\Delta t}$$

という関係があれば，
$$u_t = du_{xx} + au_x$$
という移流効果を伴う方程式を導出することができる．

さて，1次元空間でのランダムウォークを扱ってきたが，上下左右に等確率で運動する場合を考えれば，2次元の場合も考えられる．同様に，3次元，N次元と拡張することができて，ラプラス作用素

$$\Delta u := \sum_{j=1}^{N} \frac{\partial^2 u}{\partial x_j^2}$$

を用いて，密度uに関する拡散方程式

$$u_t = d\Delta u \tag{3.3}$$

を導くことができる．

いくつかの記号を定義しておこう．N次元空間の場合，

$$\nabla = \begin{pmatrix} \dfrac{\partial}{\partial x_1} \\ \vdots \\ \dfrac{\partial}{\partial x_N} \end{pmatrix}$$

と定義すると，

$$\nabla f = \begin{pmatrix} \dfrac{\partial f}{\partial x_1} \\ \vdots \\ \dfrac{\partial f}{\partial x_N} \end{pmatrix}, \quad \nabla \cdot \boldsymbol{u} = \nabla \cdot \begin{pmatrix} u_1 \\ \vdots \\ u_N \end{pmatrix} = \frac{\partial u_1}{\partial x_1} + \cdots + \frac{\partial u_N}{\partial x_N}$$

となる．これは，それぞれ grad f，div $\boldsymbol{u}$ と書くことも多い．また，

$$\Delta u = \nabla \cdot \nabla u$$

となっている.

　これまでの議論では,バクテリアなどの生物種の個体1つ1つの運動を考え,ミクロな現象からマクロな方程式を導出してきた.次に,2次元領域上の密度に関するマクロな状態の方程式の導出を紹介し,それと比較してみよう.$\boldsymbol{J}$ を位置 (x,y) における生物種の密度の流れとする.これは,**フラックス (flux)** と呼ばれる.小さな領域 V に生物種が入ってくる量は,V の境界 ∂V を通して入る量から出ていく量を差し引けばいいので,

$$-\int_{\partial V} \boldsymbol{J} \cdot n \, dS$$

となる.ここで n は ∂V における外向き法線ベクトルである.ストークスの定理より,

$$-\int_{\partial V} \boldsymbol{J} \cdot n \, dS = -\iint_V \nabla \cdot \boldsymbol{J} \, dxdy$$

となる.これは,時間変化に等しいので,

$$\iint_V u_t \, dxdy = -\iint_V \nabla \cdot \boldsymbol{J} \, dxdy$$

となる.V は任意の領域なので,

$$u_t = -\nabla \cdot \boldsymbol{J}$$

が得られる.これは,連続の方程式と呼ばれる.

　では,$\boldsymbol{J}$ はどうやって決めるのか? フラックス $\boldsymbol{J}$ と密度 u との関係は,数学的に導かれるわけではない.溶液中の物質の拡散の場合,物質の濃度勾配とフラックスは比例関係

$$\boldsymbol{J} = -d\nabla u$$

となることを,フィック (A. Fick) が1855年に報告している.これは,**フィック (Fick) の法則**と呼ばれる.ここで,フィックがどのようにこの法則を導いたのか見ておこう(A. Fick [14], J. Philibert [39] 参照).当時,液体中の拡散についてはさまざまな議論があったようである.フーリエ (Fourier) の

温度勾配に関する理論は定着していたようで，温度勾配とフラックスの関係は比例関係であることが，フーリエの法則としてすでに知られていた．彼は，溶液中の物質の拡散にも，フーリエの理論が当てはまると考えた．彼の用いた方法が面白い．2階導関数を定量的に調べることは困難なので，容器の形状を変えて定常解について調べた．ガラス管の上部と下部では，溶液が常に入れ替わるようにして濃度を一定に保つような装置をつくった．定常状態になったとき，高さと濃度の関係を調べたところ，比例関係になることを見いだした．つまり，

$$u_{xx} = 0 \ (0 < x < h), \quad u(0) = a \quad u(h) = 0$$

より，u_x は定数なので，$u_x(x) = C_1$ となる．これを積分して，$u(x) = C_1 x + C_2$ となる．境界条件より積分定数 C_1, C_2 を求めると，

$$u(x) = \frac{a}{h}(h - x)$$

となる．そして，濃度が高さに比例することを実験的に確認した．さらに，ガラス管の代わりにフラスコのように太さが変化するものも用いた．高さ x でのフラスコの断面を半径 $R(x)$ の円としよう．すると断面積 $Q(x)$ は $\pi R(x)^2$ となる．フラスコの側面では物質の出入りはないので，ノイマン境界条件

$$\frac{\partial u}{\partial \nu} = 0 \tag{3.4}$$

を課す．ここで，ν はフラスコの側面の外向き法線ベクトルである．u が高さと時間だけの関数と仮定すると

$$u_t = d\left(u_{xx} + \frac{Q'(x)}{Q(x)}u_x\right) = \frac{d}{Q(x)}(Q(x)u_x)_x \tag{3.5}$$

が得られる．たとえば，管の太さが高さに比べて小さい場合は，数学的に上式を示すこともできる．詳しくは，第3.5節を参照してほしい．

さて，(3.5) の定常解は，
$$Q(x)u_x = 一定 = C$$
なので，
$$u(x) = u(0) + \int_0^x \frac{C}{Q(x)} dx$$
となる．$u(0) = a$, $u(h) = 0$ より定数 C を求めると，
$$u(x) = a - \frac{a}{b}\int_0^x \frac{dx}{Q(x)}, \quad b := \int_0^h \frac{dx}{Q(x)}$$
が得られる．円錐型のフラスコの場合，$Q(x) = k\pi(h_0 - x)^2$ とすればよいので，
$$u(x) = a - \frac{a(h_0-h)x}{h(h_0-x)}$$
となる．このような x に関する依存性を実験的に確認している．

生物の拡散は物質の拡散より複雑であることが予想されるが，生物の特性が無視できるような状況では，物質の拡散と考えてもよいだろう．つまり，(3.1) では，バクテリアの運動が，過去の運動にまったく依存しないと仮定していることに注意しておく．

3.2 走性と拡散

光や化学物質などの外部の環境要因によって運動の特性が変わってくるバクテリアなどの運動を考えよう（図 3.1）．つまり，p, q が位置 n に依存する場合を考えることになる．そこで，遷移確率 $T(m, n)$ を $m\Delta x$ から $n\Delta x$ へ移動する確率としよう．(3.1) は，以下のように書き直される．

$$P(n, j+1) - P(n, j) = T(n-1, n)P(n-1, j) + T(n+1, n)P(n+1, j) \\ - (T(n, n-1) + T(n, n+1))P(n, j). \quad (3.6)$$

このとき，$T(m, n)$ が m, n にどのように依存するかが重要になる．

第3章 拡散

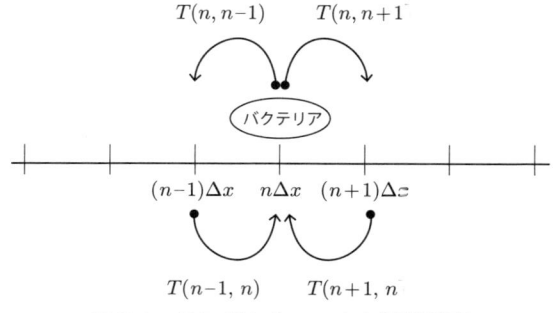

図 3.1 ランダムウォークと遷移確率

(i) 遷移確率が出発点と到達点の中点にのみ依存する場合:
$$T(m,n) = \frac{\Delta t}{(\Delta x)^2}\alpha\left(\frac{(m+n)\Delta x}{2}\right)$$

このとき, (3.6) は

$$\frac{u(x,t+\Delta t) - u(x,t)}{\Delta t} = -\frac{\alpha(x - \Delta x/2)}{\Delta x}\frac{u(x,t) - u(x - \Delta x, t)}{\Delta x}$$
$$+ \frac{\alpha(x + \Delta x/2)}{\Delta x}\frac{u(x + \Delta x, t) - u(x, t)}{\Delta x}$$

と変形できるので, 極限として,

$$u_t = (\alpha(x)u_x)_x$$

が得られる. 空間を多次元に拡張すると

$$u_t = \nabla(\alpha(x)\nabla u) \tag{3.7}$$

が得られる.

(ii) 遷移確率が出発点にのみ依存する場合: $T(m,n) = \dfrac{\Delta t}{(\Delta x)^2}\alpha(m\Delta x)$

このとき, 極限をとると (i) と同様の計算から

$$u_t = \Delta(\alpha(x)u) \tag{3.8}$$

が得られる.

(iii) 遷移確率が到達点にのみ依存する場合：$T(m,n) = \dfrac{\Delta t}{(\Delta x)^2}\alpha(n\Delta x)$

このとき，(3.6) は

$$\frac{u(x,t+\Delta t)-u(x,t)}{\Delta t} = -\frac{\alpha(x)}{\Delta x}\frac{u(x,t)-u(x-\Delta x,t)}{\Delta x}$$
$$+\frac{\alpha(x)}{\Delta x}\frac{u(x+\Delta x,t)-u(x,t)}{\Delta x}$$
$$-\frac{\alpha(x-\Delta x)+\alpha(x+\Delta x)-2\alpha(x)}{(\Delta x)^2}u(x,t)$$

と変形できるので，極限として，

$$u_t = \alpha(x)u_{xx} - \alpha_{xx}u$$
$$= (\alpha(x)u_x - u\alpha_x)_x$$

が得られ，多次元空間に拡張すると

$$u_t = \nabla(\alpha(x)\nabla u - u\nabla\alpha) \tag{3.9}$$

が得られる．この方程式は，

$$u_t = \nabla\left(\alpha(x)^2\nabla\frac{u}{\alpha(x)}\right)$$

と書くこともできる．

左右に動く遷移確率が異なる場合も考えよう．左右に動く遷移確率が出発点に依存すると仮定して，$T(n-1,n) = R(x-\Delta x)$, $T(n+1,n) = L(x+\Delta x)$ とおこう．(3.6) に代入すると

$$u(x,t+\Delta t) - u(x,t) = R(x-\Delta x)u(x-\Delta x,t) + L(x+\Delta x)u(x+\Delta x,t)$$
$$-(L(x)+R(x))u(x,t)$$

となる．テイラー展開を用いると，

$$u_t = -\frac{\Delta x}{\Delta t}((R-L)u)_x + \frac{(\Delta x)^2}{2\Delta t}((L+R)u)_{xx} + o\left(\frac{(\Delta x)^2}{\Delta t}\right)$$

が得られる.

$$d(x) = \lim_{\Delta x, \Delta t \to 0} \frac{(R(x)+L(x))(\Delta x)^2}{2\Delta t}, \quad \beta(x) = \lim_{\Delta x, \Delta t \to 0} \frac{(R(x)-L(x))\Delta x}{\Delta t}$$

とすると,

$$u_t = -(\beta u)_x + (du)_{xx}$$

となる.これは,フォッカー・プランク (Fokker-Plank) 方程式と呼ばれる.
大久保[56]や[38, 48]に詳しい説明があるので 参照してほしい.

3.3 拡散方程式の進行波解

拡散現象においては,エネルギーの散逸によって伝播する過程で密度分布の形が崩れてしまうと予想される.拡散方程式

$$u_t = u_{xx} \tag{3.10}$$

を考えよう.初期値として $u(x,0) = \sin x$ をとると,解は $u(x,t) = e^{-t}\sin x$ となり,だんだんと平坦になってしまう.そのため,一定の形で波が伝わっていくためには,分布の形状と拡散の釣り合いが重要となる.たとえば,(3.10) には

$$u(x,t) = e^{-c(\pm x - ct)} \tag{3.11}$$

という解が存在する.これは,エネルギーの散逸に見合うエネルギーが遠方からやってくるため,形を崩さず一定の速度 $\pm c$ で進行する解となっている.このように一定の形状を保って,一定の速度で移動しているので,進行波解になっている.この解は遠方で発散することにより,その形状を保っているが,第2章で見たとおり,外力が加わることによって,形状はさらに保ちやすくなる.外力のない拡散方程式は非常に簡単なため外力のある場合とは関係ないように見えるが,拡散方程式の進行波解が理解できれば,多くの伝播現象は予想できるようにもなる.

まず,この解は,時間 t が負の方にも存在する解になっていることに注意しよう.通常の関数空間では,拡散方程式は時間が負の方向には初期値に

関して連続とならない．このような初期値問題は，**適切でない (ill-posed)** と呼ばれる．一方，初期値に関して連続なとき，初期値問題は**適切である (well-posed)** という．たとえば，

$$u_n(x,t) = e^{-n^2 t} \sin nx$$

も (3.10) の解である．$\sup_{x \in \mathbb{R}} |u_n(x,0)| = 1$ であるが，$\sup_{x \in \mathbb{R}} |u_n(x,-1/n)|$ は n を大きくすると非有界になっている．つまり，$C^0(\mathbb{R})$ において初期値に関する連続性が得られないので，時間が負の方向には，適切な問題になっていない．しかし，特殊な解は，時間が負の方向にも存在する．$u_n(x,t)$ や (3.11) はその例になっている．すべての時間 $t \in \mathbb{R}$ で存在する解は**全域解 (entire solution, eternal solution)** と呼ばれる．

さらに以下のようなこともわかる．解 (3.11) は，すべての c に対して存在するので，さまざまな速度の進行波解が共存している．この方程式は線形なので，異なる速度の進行波解を足し合わせたものも解である．たとえば，$c_1 > c_2 > 0$ とすると，

$$u(x,t) = e^{-c_1(x-c_1 t)} + e^{-c_2(x-c_2 t)}$$

も解になっている．これは，もはや進行波解ではない．$t \in \mathbb{R}$ で存在するので，全域解になっている．時間 t に依存して形状がどのように変化するのか考えてみよう．

$$u(x,t) = \begin{cases} e^{c_2^2 t}\left(e^{-c_1 x + (c_1^2 - c_2^2)t} + e^{-c_2 x}\right) & (t \to -\infty), \\ e^{c_1^2 t}\left(e^{-c_1 x} + e^{-c_2 x - (c_1^2 - c_2^2)t}\right) & (t \to \infty) \end{cases}$$

と変形できるので，$t \to -\infty$ のとき，$e^{-c_2(x-c_2 t)}$ が主要項となり，$t \to \infty$ のとき，$e^{-c_1(x-c_1 t)}$ が主要項となることがわかる．進行波解であることを使うと以下のように考えることもできる．$e^{-c_1(x-c_1 t)}$ は，$x = c_1 t$ で 1 となる指数関数なので，x を固定して $t \to -\infty$ とすると非常に小さくなり，$e^{-c_2(x-c_2 t)}$ が見えていることになる．一方，$t \to \infty$ では，$e^{-c_2(x-c_2 t)}$ が小さくなり，$e^{-c_1(x-c_1 t)}$ が見えていることになる．つまり，$t \to -\infty$ では，遅

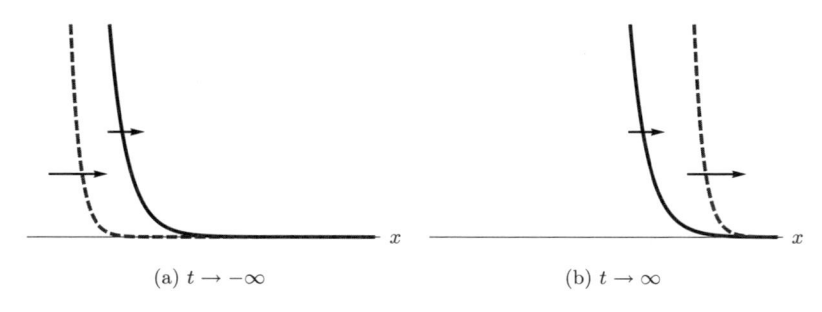

図 3.2 熱方程式の全域解．破線が速い進行波解 $e^{-c_1(x-c_1t)}$ を，実線が遅い進行波解 $e^{-c_2(x-c_2t)}$ を表している．

い進行波解（速度 c_2）のように振る舞うが，$t\to\infty$ では，速い進行波解（速度 c_1）のように加速する全域解であることがわかる（図3.2）．このように，拡散方程式は，平衡な状態に収束していく簡単なダイナミクスと考えられがちだが，多くの解を含んでいる．

3.4 基本解

第1.4節では1次元空間上の基本解について考察した．

$$G(x,t) = \frac{1}{(4\pi t)^{N/2}} e^{-|x|^2/(4t)}$$

は，N 次元空間上の熱方程式の基本解となっている．実際，

$$\frac{\partial G}{\partial x_j} = -\frac{x_j}{2t}G(x,t), \quad \frac{\partial^2 G}{\partial x_j^2} = -\frac{1}{2t}G(x,t) + \frac{x_j^2}{4t^2}G(x,t),$$

$$\frac{\partial G}{\partial t} = -\frac{N}{2t}G(x,t) + \frac{|x|^2}{4t^2}G(x,t)$$

なので，$t>0$ では

$$u_t = \Delta u$$

をみたすことが確かめられる．

有界連続な関数 u_0 および有界な $C^{2;1}$ 級関数 f に対して非斉次熱方程式

$$\begin{cases} u_t = \Delta u + f(x,t), \\ u(x,0) = u_0(x) \end{cases} \tag{3.12}$$

の解は，

$$u(x,t) = \int_{\mathbb{R}^N} G(x-y,t)u_0(y)dy + \int_0^t \int_{\mathbb{R}^N} G(x-y,t-s)f(y,s)dyds \tag{3.13}$$

と表記できる（演習問題 3.4 参照）．ここで，$C^{2;1}$ は第 B 章で定義しているものとする．この表記から，$f \geq 0, u_0 \geq 0$ が成り立つとき，$t > 0$ において $u(x,t) \geq 0$ であることがわかる．この性質は最大値の原理と呼ばれる．詳しくは第 5 章で取り上げる．

3.5 補筆：(3.5) の導出

高さ x でのフラスコの断面を半径 $R(x)$ の円としよう．すると断面積 $Q(x) = \pi R(x)^2$ である．フラスコの側面では物質の出入りはないので，ノイマン境界条件 (3.4) を課していた．フラスコの側面の外向き法線ベクトル ν は，$r = \sqrt{y^2 + z^2}$ を用いて,

$$\nu = \frac{1}{\sqrt{R_x^2 + 1}} \begin{pmatrix} -R_x \\ y/r \\ z/r \end{pmatrix}$$

と計算できる．x と r だけに依存する x 軸回転対称な解だけ考えることにしよう．記号を簡単にするため，$u(x,y,z,t) = u(x,r,t)$ と同じ記号を用いることにする．すると，

$$\frac{\partial u}{\partial \nu} = \nu \cdot \nabla u$$

に注意すると

$$\frac{\partial u}{\partial \nu} = \frac{-R_x u_x + y u_y/r + z u_z/r}{\sqrt{R_x^2 + 1}} = \frac{-R_x u_x + u_r}{\sqrt{R_x^2 + 1}} = 0$$

と計算できる．$r = R(x)$ では，
$$u_r = R_x u_x$$
となっている．断面の平均分布
$$v(x,t) := \frac{1}{Q(x)} \iint_{y^2+z^2<R(x)^2} u(x,y,z,t)dydz = \frac{2\pi}{Q(x)} \int_0^{R(x)} u(x,r,t)rdr$$
は，どのような方程式をみたすか考えよう．t で微分して，拡散方程式を用いると，
$$\begin{aligned}
v_t &= \frac{2\pi}{Q(x)} \int_0^{R(x)} u_t(x,r,t)rdr \\
&= \frac{2\pi}{Q(x)} \int_0^{R(x)} d\left(u_{xx} + u_{rr} + \frac{1}{r}u_r\right)rdr \\
&= dv_{xx} + \frac{2\pi d}{Q(x)}[ru_r]_{r=0}^{r=R(x)} \\
&= dv_{xx} + \frac{2\pi d}{Q(x)}R(x)u_r(x,R(x),t) \\
&= dv_{xx} + \frac{2dR_x(x)}{R(x)}u_x(x,R(x),t) \\
&= dv_{xx} + \frac{dQ'(x)}{Q(x)}u_x(x,R(x),t)
\end{aligned}$$
と変形できる．ここで $r = \sqrt{y^2+z^2}$ への変数変換と $u_{yy} + u_{zz} = (ru_r)_r/r$ を用いた（演習問題3.1参照）．$R(x)$ が小さい場合，u がほとんど高さと時間だけの関数になると考えられる．つまり，r にほとんど依存しないとすると，
$$v_x(x,t) \approx u_x(x,R(x),t)$$
なので，
$$v_t = d\left(v_{xx} + \frac{Q'(x)}{Q(x)}v_x\right) = \frac{d}{Q(x)}(Q(x)v_x)_x$$
が得られる．

演習問題

3.1 r, θ を $y = r\cos\theta, z = r\sin\theta$ により定め，$\mathbb{R}^3$ 上の円柱座標 (x, r, θ) を考える．$\mathbb{R}^3$ 上のラプラシアン

$$\Delta = \frac{\partial^2}{\partial x^2} + \frac{\partial^2}{\partial y^2} + \frac{\partial^2}{\partial z^2}$$

を円柱座標 (x, r, θ) で表現せよ．

3.2 $x = r\sin\theta\cos\varphi, \ y = r\sin\theta\sin\varphi, \ z = r\cos\theta$ で $\mathbb{R}^3$ 上の極座標 (r, θ, φ) を考える．$\mathbb{R}^3$ 上のラプラシアンを極座標 (r, θ, φ) で表現せよ．

3.3 熱方程式

$$u_t = \Delta u$$

を x についてフーリエ変換しよう．

$$v(\xi, t) = \mathcal{F}[u(\cdot, t)](\xi)$$

とすると

$$v_t = -|\xi|^2 v$$

となる．これより，

$$v(\xi, t) = v(\xi, 0) e^{-|\xi|^2 t}$$

が得られる．これを逆フーリエ変換することで，熱核 G を求めよ．

3.4 有界な連続関数 u_0 および有界な $C^{2;1}$ 級関数 f に対して (3.13) が (3.12) の解となることを確かめよ．

3.5 第 3.2 節で説明した走性による影響を考慮した方程式 (3.7), (3.8), (3.9) のノイマン境界条件下における定常解をそれぞれ求めよ．

3.6 矩形領域 $\Omega = (0,1) \times (0,\varepsilon)$ においてノイマン境界条件 (3.4) を課した拡散方程式 (3.3) を考えよう．$\varepsilon \downarrow 0$ のとき，u は y によらない関数になることを示せ．

第4章

1次元進行波解

本章では，第2.7節で取り上げた1次元空間上のアレン・カーン・南雲型方程式

$$u_t = u_{xx} + f(u) \tag{4.1}$$

を例に挙げて進行波解を説明していく．進行波解とはその形状が時刻tによらず一定で，一定速度cで平行移動する解のことであった．つまり，解は$u(x,t) = \phi(x - ct)$という形になっている．ここでcは進行波の速度を，ϕはその形状を表している．変数xの代わりに動座標$z = x - ct$を用いると，速度cで動く座標系で解を観察していることになり，速度cの進行波解は止まって見える．そのため，動座標系に変換した方程式

$$-\phi_{zz} - c\phi_z - f(\phi) = 0 \tag{4.2}$$

の定常解となる．特に速度を明記する必要があるときは，進行波解を(ϕ, c)と表す．

まず，$f(u) = u(u-a)(1-u)$の場合に厳密解を用いて進行波解の概要を説明し，その後，一般的な非線形項$f(u)$にも対応できるような解析的な手法を解説していく．

4.1 厳密解

4.1.1 ハクスリー解

ここでは，$f(u) = u(1-u)(u-a)$の場合のアレン・カーン・南雲方程式

4.1 厳密解

(4.1) の厳密解の求め方を説明していく．[35] によるとハクスリー (Huxley) が最初に発見したようで，ハクスリー解とも呼ばれる．速度 c の進行波解は，

$$-c\phi' = \phi'' + \phi(1-\phi)(\phi-a) \tag{4.3}$$

をみたす．進行波解の存在を示すことは，(ϕ, c) を求める問題となる．この厳密解を探すため，まず $c = 0$, $a = \frac{1}{2}$ の場合について

$$\phi'' + \phi(1-\phi)\left(\phi-\frac{1}{2}\right) = 0 \tag{4.4}$$

を考えてみよう．さらに

$$\phi(-\infty) = 1, \quad \phi(\infty) = 0 \tag{4.5}$$

という条件を課そう．(4.4) の両辺に ϕ' をかけると

$$\phi'' \cdot \phi' = -\phi(1-\phi)\left(\phi-\frac{1}{2}\right)\phi'$$

となる．さらにこれを z で積分すると

$$\int \phi'' \phi' dz = -\int \phi(1-\phi)\left(\phi-\frac{1}{2}\right) d\phi \tag{4.6}$$

となる．したがって (4.6) は

$$\frac{1}{2}|\phi'|^2 = \frac{1}{4}\phi^2(\phi-1)^2 + C \tag{4.7}$$

となる．ここで (4.5) より，$z \to -\infty$ で $\phi \to 1$, $\phi' \to 0$ なので，$C = 0$ とわかる．$\phi' \leq 0$ を考慮すると，(4.7) は

$$\phi' = -\frac{1}{\sqrt{2}}\phi(1-\phi) \tag{4.8}$$

と変形できる．これを変数分離法で計算し，適当に平行移動すると

$$\phi(z) = \frac{1}{1+e^{z/\sqrt{2}}} \tag{4.9}$$

第4章 1次元進行波解

と求められる．この解の相平面 $(u,v) = (\phi, \phi')$ における軌道は図 4.1 のようになる．

次に (4.9) から (4.1) の進行波を作ろう．

$$u(x,t) = \phi(x - ct)$$

とおく．(4.3) を変形して

$$-c\phi' = \phi'' + \phi(1-\phi)\Big(\phi - \frac{1}{2}\Big) + \phi(1-\phi)\Big(\frac{1}{2} - a\Big)$$

および (4.4) に注意すると

$$-c\phi' = \Big(\frac{1}{2} - a\Big)\phi(1-\phi)$$

となる．(4.8) より

$$c = \sqrt{2}\Big(\frac{1}{2} - a\Big)$$

と計算できる．こうして $a = 1/2$ の場合の定常解から $a \neq 1/2$ のときの進行波解

$$\psi_0(z) = \frac{1}{1 + e^{z/\sqrt{2}}}, \quad z = x - c_0 t, \quad c_0 = \sqrt{2}\Big(\frac{1}{2} - a\Big) \tag{4.10}$$

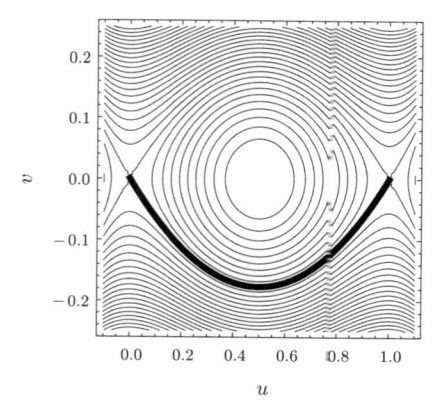

図 4.1 $a = 1/2$ のときの (4.7) の等高線と (4.9) の軌道（太線）．

が得られた.

この方法は，[37] でも用いられているように一般の関数 f に関しても拡張できる.

補題 4.1 $\int_0^1 f(s)ds = 0$ とする. このとき,
$$\phi'' + f(\phi) = 0$$
と (4.5) をみたす単調減少な定常解 ϕ が存在するとすると,
$$u_t = u_{xx} + f(u) + \varepsilon\sqrt{-2F(u)} \tag{4.11}$$
は進行波解 (ϕ, ε) をもつ. ここで,
$$F(u) := \int_0^u f(s)ds \tag{4.12}$$
である.

証明 ϕ' をかけて積分することにより,
$$\phi' = -\sqrt{-2F(\phi)}$$
をみたす. これを用いると
$$-\varepsilon\phi' = \phi'' + f(\phi) + \varepsilon\sqrt{-2F(\phi)}$$
と変形でき, (4.11) は進行波解 (ϕ, ε) をもつことがわかる. □

4.1.2 パンルヴェの方法

a と 1 あるいは 0 と a をつなぐ特殊な進行波解も具体的に求めることができる.

命題 4.2
$$\psi_1(z) = \frac{ae^{(1-a)z/\sqrt{2}} + 1}{e^{(1-a)z/\sqrt{2}} + 1}, \quad z = x - c_1 t, \quad c_1 = \frac{1+a}{\sqrt{2}}, \tag{4.13}$$

$$\psi_2(z) = \frac{a}{1+e^{az/\sqrt{2}}}, \quad z = x - c_2 t, \quad c_2 = \frac{a-2}{\sqrt{2}} \tag{4.14}$$

としたとき，(ψ_1, c_1) と (ψ_2, c_2) はアレン・カーン・南雲方程式 (4.1) の進行波解になる．

証明 (ψ_1, c_1) と (ψ_2, c_2) が進行波解になるのを確認するだけなら，(4.13) と (4.14) を方程式 (4.1) に代入すればよい．どのように発見されたのかがわかるようにパンルヴェ (Painlevé) の方法を用いて説明していこう [28]．解 u を無限級数

$$\begin{aligned}u(x,t) &= \sum_{j=0}^{\infty} \frac{u_j(x,t)}{\phi(x,t)^{p-j}} \\ &= \frac{u_0(x,t)}{\phi(x,t)^p} + \frac{u_1(x,t)}{\phi(x,t)^{p-1}} + \frac{u_2(x,t)}{\phi(x,t)^{p-2}} + \cdots\end{aligned} \tag{4.15}$$

で表されると仮定し，この級数解を (4.1) に代入して，係数比較から p, u_j, ϕ を求める問題に帰着させる方法である．まず，ベキ p を決定しよう．(4.15) を (4.1) に代入すると，次のようになっている．

$$\frac{(u_0)_t}{\phi^p} - \frac{p u_0 \phi_t}{\phi^{p+1}} + \cdots = \frac{p(p+1)u_0 \phi_x^2}{\phi^{p+2}} + \cdots - \frac{u_0^3}{\phi^{3p}} + \frac{(1+a)u_0^2}{\phi^{2p}} + \cdots.$$

ϕ に関する指数の比較から $p+2 = 3p$，つまり，$p=1$ を得る．したがって，解 $u(x,t)$ は

$$u = \frac{u_0}{\phi} + u_1 + u_2 \phi + u_3 \phi^2 + \cdots$$

の形と仮定できる．$u_2 \phi + u_3 \phi^2 + \cdots$ も u_1 に含めて

$$u = \frac{u_0}{\phi} + u_1$$

とおく．最初からこの形だと仮定すれば，ここから始めることも可能である．これを (4.1) に代入すると，

$$\alpha_0 + \alpha_{-1} \phi^{-1} + \alpha_{-2} \phi^{-2} + \alpha_{-3} \phi^{-3} = 0$$

とまとめることができる．ここで，ϕ の各係数は

$$\begin{cases} \alpha_0 = -(u_1)_t + (u_1)_{xx} + u_1(1-u_1)(u_1-a), \\ \alpha_{-1} = -au_0 + 2u_0 u_1 + 2au_0 u_1 - 3u_0 u_1^2 - (u_0)_t + (u_0)_{xx}, \\ \alpha_{-2} = u_0^2 + au_0^2 - 3u_0^2 u_1 + u_0 \phi_t - u_0 \phi_{xx} - 2\phi_x (u_0)_x, \\ \alpha_{-3} = -u_0(u_0^2 - 2\phi_x^2) \end{cases} \quad (4.16)$$

である．

$$\begin{cases} \alpha_{-3} = 0, \\ \alpha_0 = 0, \\ \alpha_{-1}\phi^{-1} + \alpha_{-2}\phi^{-2} = 0 \end{cases} \quad (4.17)$$

をみたす u_0, u_1, ϕ が見つかれば，厳密解が得られることになる．まず，$\alpha_{-3} = 0$ を u_0 に関して解くと (4.16) より，$u_0 = 0, \pm\sqrt{2}\phi_x$ が得られる．$u_0 = 0$ では $u = u_1$ となり，方程式は変化しないので，$u_0 = \sqrt{2}\phi_x$ を用いる．次に，$\alpha_0 = 0$ はもとの方程式と同じなので，u_1 はアレン・カーン・南雲方程式 (4.1) の解と仮定することにする．以上を (4.17) の第3式に代入すると，ϕ に関する双線形方程式

$$\begin{aligned} \phi\Big(\phi_{xt} - \phi_{xxx} + (a - 2(1+a)u_1 + 3u_1^2)\phi_x\Big) \\ = \phi_x\Big(\phi_t - 3\phi_{xx} + \sqrt{2}(1+a-3u_1)\phi_x\Big) \end{aligned} \quad (4.18)$$

が得られる．以上の計算から，次が得られた．

補題 4.3 (4.18) をみたす ϕ と (4.1) の解 u_1 に対して，

$$u = \frac{\sqrt{2}\phi_x}{\phi} + u_1$$

も，(4.1) の解となる．

この補題より，通常，u_1 と異なる解を構成することができる．(4.18) を ϕ について解くことで厳密解が求められるが，次の問題は，どうやって双線形

方程式を解くかである．一つの方法としては，双線形方程式 (4.18) の形の特殊性から

$$\begin{cases} \phi_t - 3\phi_{xx} + \sqrt{2}(1+a-3u_1)\phi_x = \lambda\phi, \\ \phi_{xt} - \phi_{xxx} + (a-2(1+a)u_1 + 3u_1^2)\phi_x = \lambda\phi_x \end{cases} \quad (4.19)$$

のような連立線形微分方程式にすることである．(4.19) を ϕ について解くことで厳密解を求めることができる．

$u_1 = 1$, $\lambda = 0$ として，連立線形微分方程式 (4.19) を解くと，3つの解

$$\begin{cases} \phi_1 = 1, \\ \phi_2 = e^{-\frac{1}{\sqrt{2}}x + (-\frac{1}{2}+a)t}, \\ \phi_3 = e^{\frac{-1+a}{\sqrt{2}}x + \frac{1}{2}(-1+a^2)t} \end{cases}$$

が得られる．ここで，$\lambda = 0$ を代入したが，$\phi = e^{\lambda t}\widetilde{\phi}$ を考えることにより，ϕ_i ($i = 1, 2, 3$) の比は変わらないことに注意する．(4.19) はそれぞれ線形方程式なので，k_1, k_2, k_3 は定数として

$$k_1\phi_1 + k_2\phi_2 + k_3\phi_3$$

も (4.19) をみたすことがわかる．k_i のどれか1つを0とし，時間や場所を適当に移動することにより，進行波解 (4.10),(4.13),(4.14) が得られる． □

注意 4.4 3つの1次結合を考えよう．つまり，時間や場所を適当に移動することにより $k_1 = k_2 = k_3 = 1$ としてよいので，ϕ として

$$\phi = \phi_1 + \phi_2 + \phi_3 = 1 + e^{-\frac{1}{\sqrt{2}}x - (\frac{1}{2}-a)t} + e^{(a-1)(\frac{1}{\sqrt{2}}x + \frac{a+1}{2}t)}$$

をとると，厳密解 $u(x,t)$ は

$$u(x,t) = \frac{1 + ae^{(a-1)(\frac{1}{\sqrt{2}}x + \frac{a+1}{2}t)}}{1 + e^{-\frac{1}{\sqrt{2}}x - (\frac{1}{2}-a)t} + e^{(a-1)(\frac{1}{\sqrt{2}}x + \frac{a+1}{2}t)}}$$

となる．時刻 $-\infty$ では，0とaをつなぐ進行波 (4.14) と，aと1をつなぐ進行波 (4.13) をつないだ形となっていて，時刻 $+\infty$ では (4.10) の形の進行波

に漸近していくような解が得られる．このように，時刻が $-\infty$ から ∞ まで存在する全域解になっている．放物型の偏微分方程式の初期値問題は，時間が負の方向には適切な問題になっていないので，非常に特殊な解と言える．

アレン・カーン・南雲方程式の場合は，双線形方程式から連立線形微分方程式を構成して，厳密解を求められた．しかし，フィッシャー・KPP 方程式，伝染病モデルやロトカ・ヴォルテラ型競争系などでは，双線形方程式から連立線形微分方程式が構成できないので，多くの進行波解を見つけることができない．

注意 4.5 $0 < a < 1/2$ のときアレン・カーン・南雲方程式 (4.1) の定常解も

$$u_*(x) = \frac{6a}{2(1+a) + \sqrt{2(2-a)(1-2a)}\cosh\sqrt{a}x} \tag{4.20}$$

と具体的に計算できる（図 4.2 参照）．これは速度 $c = 0$ のパルス型の進行波解とみなすことができる．**定在波 (standing wave)** とも呼ばれる．

4.2 進行波解の存在

これまでの議論は，非線形項が $u(u-a)(1-u)$ であることに大きく依存している．もう少し一般の非線形項 $f(u)$ に関するアレン・カーン・南雲型方程式 (4.1) について使えるようにしよう．

非線形項 $f(u)$ の零点は，$u = 0, a, 1$ の 3 つだけとし，

$$f'(0) < 0, \quad f'(a) > 0, \quad f'(1) < 0, \quad \int_0^1 f(s)ds > 0 \tag{4.21}$$

を仮定し，$c \geq 0$ となる進行波解を探していこう．必要なら，$\phi(-x+ct)$ を考えることにより，$c \geq 0$ として一般性を失わない．

進行波解の方程式 (4.2) は，

$$\begin{cases} u' = v, \\ v' = -cv - f(u) \end{cases} \tag{4.22}$$

と 1 階常微分方程式系に変形できる．この方程式の解を uv 平面の軌道と考えることで，解の挙動を調べていく．平衡点 $(u^*, v^*) = (0,0), (a,0), (1,0)$ のまわりでの線形化行列は，

$$\begin{pmatrix} 0 & 1 \\ -f'(u^*) & -c \end{pmatrix}$$

である．固有多項式は，

$$\lambda^2 + c\lambda + f'(u^*) = 0$$

なので，軸 $\lambda = -c/2$ と切片 $f'(u^*)$ の符号から，$c > 0$ のとき，以下のことがわかる．

(i) $f'(u^*) < 0$ のとき，正と負の固有値をもつ．つまり，$(u^*, v^*) = (0,0), (1,0)$ は鞍状点である．

(ii) $f'(u^*) > 0$ のとき，実部が負の 2 つの固有値をもつ．つまり，$(u^*, v^*) = (a, 0)$ は安定渦状点か安定結節点である．

平衡点 $(0,0), (1,0)$ では，1 次元の安定多様体と不安定多様体が交差している[1]．固有ベクトルの形から，固有値が正（負）のとき，固有関数のベクトルの傾きが正（負）になっていることもわかる．また，平衡点 $(a,0)$ のまわりでは，

$$|c| < c_* := 2\sqrt{f'(a)}$$

のとき複素固有値となり，螺旋状に回転しながら $(a, 0)$ に収束し，$c > c_*$ では 2 つの固有値がともに負で結節点となる．

関数 F を (4.12) で定義するとき，(u, v) に関する関数

$$V(u, v) := \frac{1}{2}v^2 + F(u) \tag{4.23}$$

は，

$$\frac{d}{dz}V(u,v) = vv' + f(u)u' = v(-cv - f(u)) + f(u)v = -cv^2$$

---

[1] 安定多様体，不安定多様体については，第 A 章を参照してほしい．

をみたし，解軌道に沿って定符号になり，リャプノフ関数になっている．$c > 0$ なら x に関して単調に減少し，$c < 0$ なら増加する．

1と0をつなぐ進行波解

アレン・カーン・南雲型方程式 (4.1) の進行波解で $z \to -\infty$ で1に収束するものは，(4.22) の平衡点 $(1, 0)$ の不安定多様体と考えられる．条件 (4.21) より，$V(0, 0) \leq V(1, 0)$ であり，図 4.2 (a) のように V の $(0, 0)$ を通る等高線は閉曲線を含んでおり，$(1, 0)$ を通る等高線は v 軸と交点をもつことがわかる．$c = 0$ のとき，等高線上を動く軌道になっているので，V の $(1, 0)$ を通る等高線を動き，v 軸と $(0, -\sqrt{2(F(1) - F(0))})$ で交わることになる．c が大きくなると，V は単調に減少するので，$c > 0$ のとき，$V(u(x), v(x))$ の値がだんだんと小さくなっていく．つまり，等高線をより低い方へと下っていく．こうして，等高線を下りながら原点 $(0, 0)$ に到達する軌道を探せばよい．

先に述べたように，進行波解は $z \to -\infty$ で $(1, 0)$ に収束する軌道に対応している．つまり，正の固有値に対応する固有ベクトルに接する1次元の不安定多様体となっている．この軌道は

$$\frac{dv}{du} = \frac{v_x}{u_x} = -c - \frac{f(u)}{v}$$

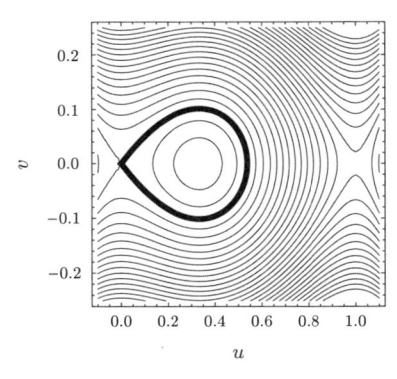

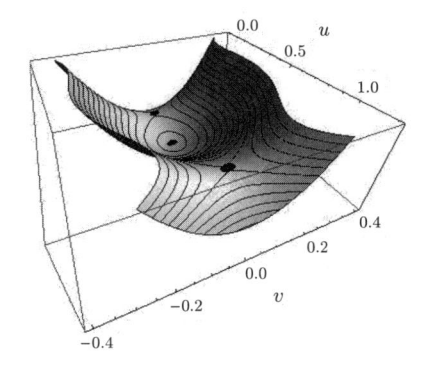

(a) $V(u, v)$ の等高線と定常解（太線）　　(b) $V(u, v)$ のグラフ（点は平衡点）

図 4.2 $a = 1/3$ のときの (4.23) の等高線とグラフ

第4章 1次元進行波解

をみたすので，v の c に関する偏導関数 $w = \partial v/\partial c$ は，

$$\frac{dw}{du} = -1 + \frac{f(u)}{v^2}w \tag{4.24}$$

をみたす．不安定多様体は，正の固有値

$$\lambda = \frac{-c + \sqrt{c^2 - 4f'(1)}}{2}$$

に対応する固有ベクトル ${}^t(1, \lambda)$ に接するので，条件 (4.21) に注意すると

$$\left.\frac{dw}{du}\right|_{u=1} = \frac{\partial}{\partial c}\left.\frac{dv}{du}\right|_{u=1} = \frac{\partial}{\partial c}\frac{-c + \sqrt{c^2 - 4f'(1)}}{2} = \frac{c - \sqrt{c^2 - 4f'(1)}}{2\sqrt{c^2 - 4f'(1)}} < 0 \tag{4.25}$$

となる．$(1,0)$ の近くでは，不安定多様体は直線 $v \approx \lambda(u-1)$ に近いので，$u < 1$ では v は c について単調増加すると考えられ，u が 1 の近くでは $w > 0$ がわかる．厳密には，(4.24) を用いて

$$\begin{aligned}
\lim_{u \to 1-0} \frac{w}{v} &= \lim_{u \to 1-0} \left(\frac{dw}{du} + 1\right)\frac{v}{f(u)} \\
&= \left(\frac{c - \sqrt{c^2 - 4f'(1)}}{2\sqrt{c^2 - 4f'(1)}} + 1\right)\lim_{u \to 1-0}\frac{v}{u-1}\frac{u-1}{f(u)-f(1)} \\
&= \frac{\sqrt{c^2 - 4f'(1)} + c}{2\sqrt{c^2 - 4f'(1)}}\frac{\lambda}{f'(1)} < 0
\end{aligned}$$

が得られる．これより，$u - 1 < 0$ が十分小さいとき，$v < 0$ なので $w > 0$ が従う．定数変化法より，

$$\frac{d}{du}(e^{-\int (f(u)/v^2)du}w) = -e^{-\int (f(u)/v^2)du} < 0$$

なので，$0 \leq u < 1$, $v < 0$ の範囲では，

$$w = \frac{\partial v}{\partial c} > 0$$

が得られる．uv 平面上の軌道は，u を止めて c を大きくすると，v が増加することを意味している．また，

$$(u(-\infty), v(-\infty)) = (1,0), \quad (u(\infty), v(\infty)) = (0,0)$$

をみたすような c は，存在すればただ一つであることもわかる．

次に，進行波解の存在を示そう．$c = 0$ のときは，先に見たように，$(0, -\sqrt{2(F(1) - F(0))})$ を通る軌道となる．c を十分大きくすると，u 軸と先に交わることがわかると，その間に原点 $(0,0)$ を通る軌道が存在することが従う．

$$M_1 := \max_{0 \leq u \leq 1} \frac{|f(u)|}{|u|}, \quad \alpha > 0$$

としたとき，$c > \alpha + M_1/\alpha$ をみたすように c を十分大きくとる．すると，直線 $v = -\alpha u$ 上では，

$$\frac{dv}{du} = -c - \frac{f(u)}{v} \leq -c + \frac{M_1}{\alpha} < -\alpha$$

なので，$(1,0)$ の不安定多様体は，領域 $\{(u,v) \mid v > -\alpha u, \, 0 < u < 1, v^2 + 2F(u) < 2F(1)\}$ の境界 $v = -\alpha u$ から出ることができず，u 軸にぶつかることになる．つまり，この軌道は $(u^*(c), 0)$ に到達する．ここで $0 \leq u^*(c) < 1$ である．したがって，ある c が存在して，$(0,0)$ を通ることがわかる．これが求める進行波解の軌道である．以上をまとめると以下の定理が得られる．

定理 4.6

$$\phi(-\infty) = 1, \quad \phi(\infty) = 0$$

となる進行波解は，平行移動を除いて一意的に存在する．なお，速度 c の符号は，$F(1)$ の符号と一致する．

証明 進行波解の存在と一意性はすでに示しているので，速度と F との関係だけ説明しよう．1 と 0 をつなぐ進行波解 (ϕ, c) は

$$-c\phi' = \phi'' + f(\phi)$$

をみたすので，ϕ' をかけて，x で積分すると

$$-c\int_{-\infty}^{\infty}(\phi')^2 dx = \int_1^0 f(s)ds = -F(1)$$

となり，$F(1)$ の符号と c の符号は一致する．ここで，可積分性が問題になるが，ϕ が 1 や 0 に収束するとき，それぞれ不安定多様体，安定多様体を通るので，指数的に収束していることから従う（演習問題 5.6 や演習問題 6.4 の方法も参照）． □

1 と a をつなぐ進行波解

次に 1 と a をつなぐ進行波解を考えよう．不安定な平衡点 a と安定な平衡点 1 をつなぐ進行波解は一意的ではなく，さまざまな速度をもつ進行波解が存在する．まず，単調な進行波解に関する以下の補題から始めよう．

補題 4.7 1 と a を結ぶ正の速度 c の単調減少進行波解 φ が存在すると仮定すると，$c' > c$ なる速度 c' をもつ進行波解 ψ も存在する．

証明 φ は単調減少進行波解なので，$v = -g(u;c)$ と書き表すことができる．$u'' = v' = -g_u(u;c)u' = g_u(u;c)g(u;c)$ なので，g は

$$cg(u;c) = g_u(u;c)g(u;c) + f(u) \tag{4.26}$$

をみたす．領域

$$\Gamma := \{(u,v) \mid a \le u \le 1, -g(u;c) \le v \le 0\}$$

とおくと，$c' > c$ のとき，Γ の境界 $v = -g(u;c)$ では，g に関する上の関係式 (4.26) から

$$\frac{dv}{du} = -c' + \frac{f(u)}{g(u;c)} = -c' + c - g_u(u;c) < -g_u(u;c)$$

となる．つまり，Γ の境界では，軌道の傾きの方が Γ の接線の傾きより小さいことがわかる．Γ 上では $v \le 0$ なので，u が減少することおよび

$\{(u,0) \mid a < u < 1\}$ 上では $v' = -f(u) \leq 0$ であることを合わせると，Γ は速度 $c'(>c)$ のとき，正不変領域（5.4節参照）であることが従う．

(4.25) で示したように $(1,0)$ での正の固有値に対応する固有ベクトルの傾きは c に関して単調減少なので，c' のときの $(1,0)$ から第4象限に出て行く不安定多様体は，Γ に含まれる．Γ 内では $u' = v \leq 0$ なので，単調減少して $(a,0)$ に収束することが従う． □

この補題より，ある速度 c の進行波解が存在すれば，c 以上の速度の進行波解は必ず存在する．では，その下限はどうなっているのか考えよう．

補題 4.8 1 と a を結ぶ単調減少な進行波解の**最小速度** (minimal speed) c^* は，次をみたす．

$$2\sqrt{f'(a)} \leq c^* \leq \inf_{\substack{g(a)=0, g'(a)>0, \\ g(u)>0 \ (a<u\leq 1)}} \sup_{a<u<1} \left\{ g'(u) + \frac{f(u)}{g(u)} \right\}. \quad (4.27)$$

特に，

$$2\sqrt{f'(a)} \leq c^* \leq 2\sqrt{\sup_{0<u<1-a} \frac{f(u+a)}{u}} \quad (4.28)$$

が成り立つ．

証明 点 $(a,0)$ を通る曲線 $v = -g(u)$ と定数 c が

$$cg(u) > g'(u)g(u) + f(u), \quad g(u) > 0 \quad (a < u \leq 1)$$

をみたすとする．領域

$$\Gamma := \{(u,v) \mid a \leq u \leq 1, -g(u) \leq v \leq 0\}$$

の境界 $v = -g(u)$ では，方程式から決まる傾きが

$$\frac{dv}{du} = \frac{cv + f(u)}{-v} = \frac{-cg(u) + f(u)}{g(u)} < -g'(u)$$

をみたす．Γ では $u' = v \leq 0$ であることおよび $\Gamma \cap \{v = 0\}$ 上では $v' = -f(u) < 0$ であることを合わせると，Γ は正不変領域であることが従う．こうして，$(u,v) = (1,0)$ を出る不安定多様体は 1 次元の軌道であり，Γ から出ないので，$(a,0)$ に収束する．つまり，(4.27) の 2 番目の不等式が示された．$(a,0)$ の固有値より $|c| < 2\sqrt{f'(a)}$ なら，軌道が螺旋状になり単調でなくなる．これより，(4.27) が従う．

特に，$g(u) = b(u-a)$ ととると，(4.27) から

$$c^* \leq \inf_{b>0} \sup_{a<u<1} \left\{ b + \frac{f(u)}{b(u-a)} \right\} = \inf_{b>0} \sup_{0<u<1-a} \left\{ b + \frac{f(u+a)}{bu} \right\}$$

となり，

$$b = \sqrt{\sup_{0<u<1-a} \frac{f(u+a)}{u}}$$

ととると (4.28) が得られる． □

アレン・カーン・南雲方程式の進行波解の構造

ここでは，ハデラー・ローテ (Hadeler-Rothe) [25] の結果を紹介しよう．

$1/2 \leq a < 1$ の場合は，u を $1-u$ と考えることにより，$0 < a \leq 1/2$ に帰着できる．また，$c \leq 0$ なら $u(x-ct)$ の代わりに $u(-x-ct)$ を考えると $c \geq 0$ となるので，$c \geq 0$ と仮定して一般性を失わない．

非線形項 f に関する仮定 (4.21) のもと，リャプノフ関数 $V(u,v)$ からわかるように，$0 < c < c_0$ では $(u,v) = (1,0)$ から出て行く軌道は $(0,0)$ には到達できない．$c = c_0$ のとき $(1,0)$ の不安定多様体は，はじめて $(0,0)$ に到達する．$c > c_0$ では，不安定多様体は領域 $V(u,v) < V(0,0)$ に入るので，$(0,0)$ には収束せず $V(u,v) < V(0,0)$ 内の平衡点に収束することになる．

$$c_0 < c < 2\sqrt{f'(a)}$$

のとき，$(a,0)$ にスパイラル状に収束していく．

$$c \geq 2\sqrt{f'(a)}$$

のとき，$(a,0)$ に収束する進行波解が存在する．では，どのように $(a,0)$ に収束するか考えよう．これは進行波解がどのような形状であるか考えることに対応している．$(a,0)$ は渦心点ではないので，無限回振動することはない．しかし，単調減少して $(a,0)$ に収束するとは限らない．補題 4.7 より，単調減少する進行波解が存在すれば，それより速い単調減少進行波解は存在するので，

$$c^* := \inf\{c \mid 1 と a をつなぐ単調減少する進行波解 (\phi, c) が存在\}$$

とおくと，$c^* \geq c_* = 2\sqrt{f'(a)}$ となるが，等号が成立しない場合もあり得る．つまり，単調減少でない進行波解が存在する場合もある．

以上をまとめると以下のようになる．

定理 4.9 (4.21) を仮定するとき，以下をみたす実数 c_0, c^* が存在する．

(i) $0 < c < c_0$ のとき，$z \to -\infty$ で 1 に収束する進行波解は存在しない．
(ii) $c = c_0$ のとき，1 と 0 をつなぐ進行波解が存在する．
(iii) $c_0 < c < c_* = 2\sqrt{f'(a)}$ のとき，1 と a をつなぐ進行波解が存在する．この進行波解は，a に振動しながら収束する．
(iv) $c_* < c < c^*$ のとき，1 と a をつなぐ進行波解が存在する．このとき進行波解は単調ではない．
(v) $c = c^*$ のとき，1 と a をつなぐ単調減少な進行波解が存在する．
(vi) $c > c^*$ のとき，1 と a をつなぐ単調減少な進行波解が存在する．

ただし，c^* が c_* と等しいときは，上記の (iv) はないとものとし，$F(1) = F(0) = 0$ のときは，$c_0 = 0$ なので，(i) はないものとする．

アレン・カーン・南雲方程式 (4.1) の場合，$c_0 = \sqrt{2}(1/2 - a)$ なので，$c = c_0$ のとき，ちょうど $(0,0)$ と $(1,0)$ をつなぐ進行波解 (4.10) が存在し，$0 \leq c < c_0$ のとき，第 3 象限へ出て行ってしまい進行波解は存在せず，$c_0 < c$ のとき，$(a,0)$ に収束する．さらに，固有値の情報から，$c_0 < c < c_*$ のとき，螺旋状に $(a,0)$ に近づき（図 4.3），$c_* \leq c < c^*$ のとき，あるベクトルに沿って $(a,0)$ に近づくことがわかる（図 4.4）．

第4章　1次元進行波解

(a) 振動しながら収束する進行波解の様子　　(b) uv 平面における解軌道

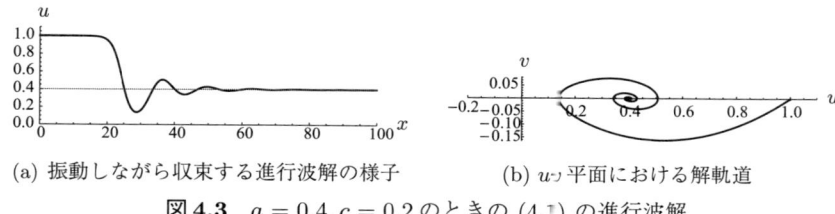

図 4.3　$a = 0.4, c = 0.2$ のときの (4.1) の進行波解

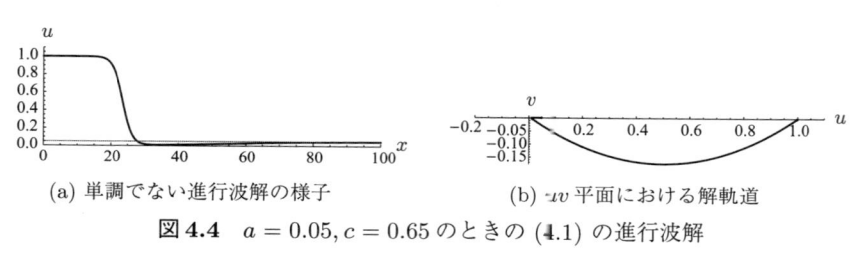

(a) 単調でない進行波解の様子　　(b) uv 平面における解軌道

図 4.4　$a = 0.05, c = 0.65$ のときの (4.1) の進行波解

対応する固有値・固有ベクトルをまとめると，以下の表のようになる．

平衡点	行列	固有値 λ	固有ベクトル
$\begin{pmatrix} 0 \\ 0 \end{pmatrix}$	$\begin{pmatrix} 0 & 1 \\ a & -c \end{pmatrix}$	$\dfrac{-c \pm \sqrt{c^2 + 4a}}{2}$	$\begin{pmatrix} 1 \\ \lambda \end{pmatrix}$
$\begin{pmatrix} a \\ 0 \end{pmatrix}$	$\begin{pmatrix} 0 & 1 \\ -a(1-a) & -c \end{pmatrix}$	$\dfrac{-c \pm \sqrt{c^2 - 4a(1-a)}}{2}$	$\begin{pmatrix} 1 \\ \lambda \end{pmatrix}$
$\begin{pmatrix} 1 \\ 0 \end{pmatrix}$	$\begin{pmatrix} 0 & 1 \\ 1-a & -c \end{pmatrix}$	$\dfrac{-c \pm \sqrt{c^2 + 4(1-a)}}{2}$	$\begin{pmatrix} 1 \\ \lambda \end{pmatrix}$

まず，a と 1 をつなぐ進行波解について考えよう．(4.22) の解の挙動の様子は，図 4.5 のようになる．これを表現する以下の補題を示そう．

補題 4.10　$c > 2\sqrt{a(1-a)}$ とし，$(a, 0)$ の線形化固有値

$$\lambda_\pm = \frac{-c \pm \sqrt{c^2 - 4a(1-a)}}{2}$$

がともに負の場合を考える．

4.2 進行波解の存在 63

(i) $c > c^*$ のとき，$(a, 0)$ の近くで $^t(1, \lambda_-)$ に接する (4.22) の軌道がただ一つ存在する．それ以外の軌道は（進行波解も含めて），$^t(1, \lambda_+)$ に接する．

(ii) $c = c^*$ のとき，進行波解は，λ_- に対応する固有ベクトル $^t(1, \lambda_-)$ に接する．

証明 $c > c^*$ としよう．速度 c^* に対する進行波解 ψ^* が存在する．補題 4.8 より，この軌道と u 軸に囲まれた領域を Γ^* とすると，正不変領域になる．$(a, 0)$ の近傍の解として，$^t(1, \lambda_-)$ に接する 1 次元の安定多様体があるが，この 1 次元不変多様体以外の点を初期値とすると $^t(1, \lambda_+)$ あるいは $^t(-1, -\lambda_+)$ に接するように入ってくる．つまり，$^t(1, \lambda_+)$ あるいは $^t(-1, -\lambda_+)$ に収束するような初期値の集合は，$^t(1, \lambda_-)$ に接する 1 次元の不

(a) $c = 1 > c^*$ の場合

(b) $c = c^*$ の場合

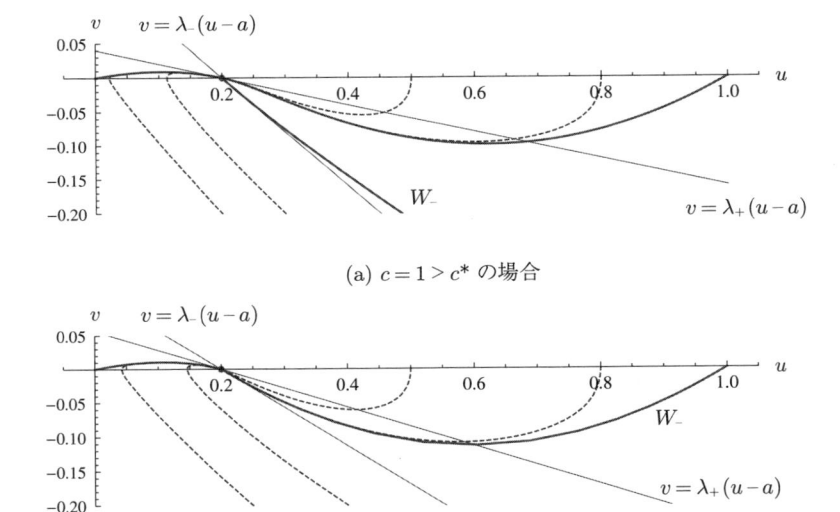

図 4.5 $a = 0.2$ のときの (4.22) の解の挙動．$(a, 0)$ を通る 2 直線は，結節点 $(a, 0)$ のまわりの線形化行列の 2 つの固有ベクトル $^t(1, \lambda_\pm)$ から決まる固有空間を表し，破線は解軌道を表し，3 つの実線は固有ベクトルに接する 1 次元の不変多様体を表している．

変多様体によってそれぞれの吸引域に分けられている．したがって，Γ^* が正不変なので，${}^t(1,\lambda_-)$ に接する 1 次元の不変多様体は Γ^* の内点と共通部分をもたない．この不変多様体が ${}^t(1,\lambda_-)$ に接するただ一つの軌道である．

次に，$c_* = 2\sqrt{a(1-a)} < c < c^*$ のとき，$(1,0)$ の不安定多様体は，Γ^* に入らないので，$u < a, v > 0$ の領域に到達して，$(a,0)$ に ${}^t(-1,-\lambda_+)$ 方向から入る．$c > c^*$ のとき，$(a,0)$ に ${}^t(1,\lambda_+)$ 方向から入る．これより $c = c^*$ のとき，${}^t(1,\lambda_-)$ に接する 1 次元の不変多様体と一致することがわかる．□

命題 4.2 を思い出そう．$\psi_1(z)$ は a と 1 をつなぐ進行波解であり，その導関数は，動座標 $z = x - c_1 t$ を用いて

$$\psi_{1z} = -\frac{(1-a)^2 e^{(1-a)z/\sqrt{2}}}{\sqrt{2}(e^{(1-a)z/\sqrt{2}} - 1)^2}$$

と計算できる．$x \to \infty$ のとき，$\psi_1 \to a$ であり，

$$\frac{\psi_{1x}}{\psi_1 - a} = -\frac{(1-a)^2 e^{(1-a)x/\sqrt{2}-(1-a^2)t/2}}{\sqrt{2}(e^{(1-a)x/\sqrt{2}-(1-a^2)t/2}+1)^2} \cdot \frac{e^{(1-a)x/\sqrt{2}-(1-a^2)t/2}+1}{1-a}$$

$$= -\frac{(1-a)e^{(1-a)x/\sqrt{2}-(1-a^2)t/2}}{\sqrt{2}(e^{(1-a)x/\sqrt{2}-(1-a^2)t/2}+1)} \to -\frac{1-a}{\sqrt{2}}$$

となっている．一方，$c = c_1 = (1+a)/\sqrt{2}$ のとき，固有値は

$$\lambda_{\pm} = \frac{-c \pm \sqrt{c^2 - 4a(1-a)}}{2} = -\frac{1-a}{\sqrt{2}}, \ -\sqrt{2}a$$

となっている．この 2 つの固有値が等しくなるのは $a = 1/3$ のときである．$a < 1/3$ のとき，

$$\lambda_- = -\frac{1-a}{\sqrt{2}} < \lambda_+ = -\sqrt{2}a$$

なので，進行波解 (4.13) は λ_- に対応する固有ベクトルに接し，補題 4.10 より単調な進行波解の最小速度 $c^* = (1+a)/\sqrt{2}$ の解であることがわかる．ま

た，$1/3 < a < 1/2$ のときは，補題 4.8 より，$g(u) = \gamma(u-a)(1-u)$ ととると，

$$2\sqrt{f'(a)} \leq c^* \leq \inf_{g(a)=0, g'(a)>0, \ g(u)>0} \sup_{a<u<1} \left\{ g'(u) + \frac{f(u)}{g(u)} \right\}$$
$$\leq \sup_{a<u<1} \left(\gamma(1+a-2u) + \frac{u}{\gamma} \right)$$

と評価できる．この右辺は，$\gamma^2 \geq 1/2$ のとき，$u = a$ で最大値をとるので，

$$2\sqrt{a(1-a)} \leq c^* \leq \left(\gamma(1-a) + \frac{a}{\gamma} \right)$$

となる．$\gamma = \sqrt{a/(1-a)}$ とおくと，最小値 $2\sqrt{a(1-a)}$ をとる．つまり，$1/3 \leq a < 1/2$ のときは，$\gamma^2 = a/(1-a) \geq 1/2$ なので，右辺は $2\sqrt{a(1-a)}$ となる．こうして，

$$c^* = \begin{cases} (1+a)/\sqrt{2} & (0 < a < 1/3), \\ 2\sqrt{f'(a)} & (1/3 < a < 1/2) \end{cases}$$

が示された．

次に，不安定な平衡点 a と安定な平衡点 0 をつなぐ進行波解も，同じように構成できる．補題 4.7 から，ある速度 c_{0a}^* 以上の速度の進行波解が存在することがわかる．また，f の凸性から，$c \geq c_* = 2\sqrt{a(1-a)}$ のとき，単調な進行波解が存在することがわかる．つまり，$0 < a < 1/2$ のとき，$c_{0a}^* = c_*$ となっている．以上をまとめると，図 4.6 のようになる．

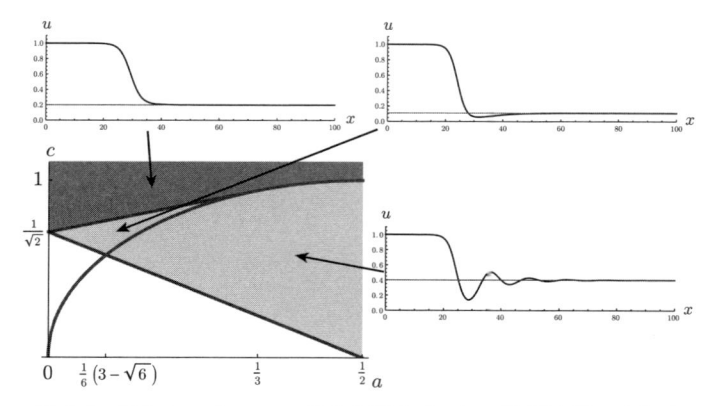

図 4.6 アレン・カーン・南雲方程式 (4.1) の進行波解のまとめ

演習問題

4.1 アレン・カーン・南雲方程式 (4.1) の定常解 (4.20) を計算して求めよ.

4.2 拡散係数 d をもつアレン・カーン・南雲方程式

$$u_t = du_{xx} + u(1-u)(u-a)$$

の 0 と 1 をつなぐ進行波解の速度を求め, 拡散係数 d による影響を調べよ.

4.3 アレン・カーン・南雲方程式 (4.1) は, 全域解

$$u(x,t) = \frac{e^{x/\sqrt{2}+(1/2-a)t} + ae^{ax/\sqrt{2}-(a-a^2/2)t}}{1 + e^{x/\sqrt{2}+(1/2-a)t} + e^{ax/\sqrt{2}-(a-a^2/2)t}}$$

をもつことを示せ.

4.4 関数 $f \in C^1([0,1]; \mathbb{R})$ は,

$$f(u) = \begin{cases} 0 & (0 \leq u \leq \theta), \\ > 0 & (\theta < u < 1), \\ 0 & (u = 1) \end{cases}$$

をみたすと仮定する. ただし, $\theta \in (0,1)$ とする. このとき, (4.1) の (4.5) をみたす進行波解は, ある速度 c のときに存在し, 平行移動を除いて一意であることを示せ.

第5章

最大値の原理

　楕円型方程式，放物型方程式を扱う際に大変強力なツールとなる最大値の原理とその応用について説明する．A が正数のとき，$Au \geq 0$ なら $u \geq 0$ が成り立つ．これを作用素に拡張したものが，最大値の原理である．最大値の原理については，プロッター・ワイン・バーガー (Protter-Weinberger) [40] および村田・倉田 [66] が詳しい．さらに，優解・劣解を用いた解の構成法や反応拡散系の不変領域などの応用を紹介する．

5.1 楕円型方程式の最大値の原理

$$L[u] := -\sum_{i,j=1}^{N} a_{i,j}(x)\frac{\partial^2 u}{\partial x_i \partial x_j} + \sum_{i=1}^{N} b_i(x)\frac{\partial u}{\partial x_i} \tag{5.1}$$

を考えよう．ここで，$a_{i,j}, b_i$ は，$\mathbb{R}^N$ の境界が滑らかな領域 Ω 上で一様有界な連続関数で，任意の $\xi \in \mathbb{R}^N$ に対して

$$\mu|\xi|^2 \leq \sum_{i,j=1}^{N} a_{i,j}(x)\xi_i \xi_j \leq \mu^{-1}|\xi|^2$$

が成り立つような正定数 μ が存在すると仮定する．さらに対称性 $a_{i,j} = a_{j,i}$ $(i,j = 1, \ldots, N)$ を仮定する．このとき，L は**一様楕円型作用素 (uniformly** elliptic operator) と呼ばれる．本書では常に一様楕円型作用素を扱うので，簡単に楕円型作用素と記す．楕円型作用素 L に関して，以下の定理が成り立つ．

定理 5.1 （楕円型方程式の最大値の原理） 有界領域 Ω 上で $u \in C^2(\Omega) \cap C^0(\overline{\Omega})$ が，
$$L[u] + h(x)u \leq 0$$
をみたすとする．

(i) $h(x) \equiv 0$ のとき，u は最大値を境界でとる．
(ii) $h(x) \geq 0$ のとき，$\partial\Omega$ 上 $u \leq 0$ なら，Ω 上で $u \leq 0$ となる．

簡単な例を自分でつくると，定理の意味や条件の必要性が見えてくる．たとえば，$u(x) = x(x-1)$ は区間 $[0,1]$ 上で $-u'' = -2 \leq 0$ をみたしており，境界上の点 $x = 0, 1$ で最大値 0 をとることが確認できる．また，$u(x) = -1 + x(1-x)$ は区間 $[0,1]$ 上 $-u'' + 4u < 0$ をみたすが，$x = 1/2$ で u は最大値をとっている．この場合も定理 5.1(ii) が成り立っていることを確かめることができる．

定理 5.1 (i) において，u は境界上の点 x で最大値をとることを意味しているが，内部でも最大値をとる可能性を除外しているわけではないことに注意しよう．

証明 まず，(i) を示そう．i をひとつ固定すると，
$$L[e^{\gamma x_i}] = -(a_{i,i}(x)\gamma^2 - b_i(x)\gamma)e^{\gamma x_i}$$
なので，正数 γ を十分大きくとると，係数の有界性から $L[e^{\gamma x_i}] < 0$ とできる．$v := u + \varepsilon e^{\gamma x_i}$ ($\varepsilon > 0$) を L に代入すると
$$L[u + \varepsilon e^{\gamma x_i}] = L[u] + \varepsilon L[e^{\gamma x_i}] < 0 \tag{5.2}$$
となる．もし，v が Ω の内部のある点 $x = x_0$ で最大値をとるとすると，
$$\sum_{i,j=1}^{N} a_{i,j}(x_0)\frac{\partial^2 v}{\partial x_i \partial x_j}(x_0) \leq 0, \quad \frac{\partial v}{\partial x_i}(x_0) = 0$$

をみたすので,
$$L[v](x_0) \geq 0$$
となり，(5.2) に矛盾する．したがって，内点では最大値をとらないので,
$$\max_{x \in \overline{\Omega}} v \leq \max_{x \in \partial\Omega} v$$
が得られる．これより，任意の ε に対して
$$\max_{x \in \overline{\Omega}} u \leq \max_{x \in \partial\Omega} (u + \varepsilon e^{\gamma x_i})$$
が成り立つので，ε を 0 に近づけると，(i) が示される．

次に，(ii) を示そう．$h(x) \geq 0$ および $\partial\Omega$ 上 $u \leq 0$ を仮定する．$\max_{\overline{\Omega}} u > 0$ として矛盾を示そう．つまり，u が正の最大値を $x = x_0$ でとるとしよう．仮定から x_0 は Ω の内点である．したがって，x_0 の近傍を含む集合 $U = \{x \in \Omega \mid u(x) > 0\}$ で,
$$L[u] \leq -h(x)u \leq 0$$
となる．(i) を用いると $\max_{x \in \overline{U}} u = \max_{x \in \partial U} u = 0$ なので，矛盾が得られ (ii) が示される． □

注意 5.2 定理 5.1 (ii) の証明からわかるように，$h \geq 0$ のとき，u は Ω で正の極大値をとることはない．したがって，(ii) は Ω 上で
$$u \leq \max\{0, \max_{x \in \partial\Omega} u\}$$
と拡張できる．

最大値の原理から解の一意性もわかる．次のような非斉次楕円型方程式を考えよう．
$$-\Delta u = f(x), \qquad x \in \Omega$$

および境界条件
$$u(x) = g(x), \quad x \in \partial\Omega$$
をみたす2つの解 u_1, u_2 を考える．$u = u_1 - u_2$ は，Ω で
$$-\Delta u = 0$$
およびディリクレ境界条件 $u = 0$ をみたす．Ω が有界領域のときは，最大値の原理が成り立つので，$u \le 0$ となる．また，$-u$ も同じ方程式をみたすので，$-u \le 0$ となり，$u = u_1 - u_2 \equiv 0$ が得られる．

最大値の原理にある条件 $h \ge 0$ をみたさないと反例をつくることができる．たとえば，
$$-u_{xx} - u = 0, \quad 0 < x < \pi,$$
$$u(0) = u(\pi) = 0$$
に最大値の原理が適用できるなら，区間 $(0, \pi)$ 上
$$u \le 0$$
となる．しかし，この楕円型方程式の解として，
$$u(x) = \sin x$$
があるので区間 $(0, \pi)$ で正となり，最大値の原理をみたしていないことがわかる．

一方，領域が非有界の場合には，$h > 0$ でも最大値の原理が成り立たない例を作ることができる．たとえば，$u = \sin x \cosh 2y$ とおくと，$\Omega = (0, \pi) \times \mathbb{R}$ 上では
$$-\Delta u + 3u = 0$$
および，$\partial\Omega$ 上では $u = 0$ をみたしているが，Ω 上で $u > 0$ となる．つまり，最大値の原理は成り立っていない．非有界領域上での最大値の原理には，遠方の挙動に条件が必要となる．

5.1 楕円型方程式の最大値の原理　71

┃ **定理 5.3** ┃ (フラグメン・リンデレエフ (Phragmèn-Lindelöf) の原理)
Ω を非有界領域とし，Ω 上で $h(x) \geq 0$ とする．さらに

$$L[\phi] + h(x)\phi \geq 0, \qquad \lim_{|x| \to \infty, x \in \Omega} \phi(x) = \infty \tag{5.3}$$

をみたす正値関数 $\phi \in C^2(\Omega) \cap C^0(\overline{\Omega})$ が存在すると仮定する．$u \in C^2(\Omega) \cap C^0(\overline{\Omega})$ が

$$L[u] + h(x)u \leq 0, \qquad \liminf_{A \to \infty} \sup_{\phi(x)=A, x \in \Omega} \frac{u(x)}{\phi(x)} \leq 0 \tag{5.4}$$

をみたすとき，$\partial\Omega$ 上 $u \leq 0$ なら，Ω 上で $u \leq 0$ が成り立つ．

証明　任意の $y \in \Omega$ を固定し，任意の正数 ε に対して

$$u(y) \leq \varepsilon \phi(y)$$

が成り立つことを示せばよい．仮定より $\varepsilon > 0$ に対して $A = A_\varepsilon$ が存在して

$$\sup_{\phi(x)=A, x \in \Omega} \frac{u(x)}{\phi(x)} \leq \varepsilon, \qquad \phi(y) < A$$

が成り立つ．$w(x) := u(x)/\phi(x)$ とおくと，

$$\begin{aligned}L[u] + hu &= L[\phi w] + h\phi w \\ &= \phi L[w] - \sum_{i,j=1}^{N} 2a_{i,j}\phi_{x_i} w_{x_j} + \left(L[\phi] + h\phi\right)w \leq 0\end{aligned}$$

をみたす．仮定より w の係数 $L[\phi] + h\phi \geq 0$ なので，$\Omega_A := \{x \in \Omega \mid \phi(x) < A\}$ において注意 5.2 を用いると，Ω_A 上で

$$w \leq \max_{x \in \partial\Omega_A} \left\{0, \frac{u(x)}{\phi(x)}\right\} \leq \varepsilon$$

が成り立つ．つまり，任意の正数 ε に対して

$$u(y) \leq \varepsilon \phi(y)$$

が成り立つので，$\varepsilon \to 0$ とすることにより Ω 上 $u \leq 0$ が従う． □

上述の例をもう一度考えてみよう．$u = \sin x \cosh 2y$ は $\Omega = (0, \pi) \times \mathbb{R}$ 上

$$-\Delta u + 3u = 0$$

および境界条件 $u = 0$ をみたしていた．この楕円型方程式では

$$\phi(x, y) = \cosh \sqrt{3} y$$

がフラグメン・リンデレエフの原理の条件 (5.3) をみたしている．したがって，

$$\liminf_{A \to \infty} \sup_{y = A, x \in (0, \pi)} \frac{u(x, y)}{\cosh \sqrt{3} y} \leq 0$$

をみたす $u(x, y)$ に関しては，最大値の原理が成り立つ．しかし，

$$u = \sin x \cosh 2y$$

は，増大条件 (5.4) をみたしていない．そのため，最大値の原理が成り立たず，$u \leq 0$ が得られないのである．

フラグメン・リンデレエフの原理の条件 (5.3) が成り立つ場合，$\mathbb{R}^n$ 上の有界な関数は (5.4) をみたすので，最大値の原理が適用できることがわかる．

5.2 楕円型方程式の強最大値の原理とホップの補題

以下，$B_R(y_0)$ は半径 R，中心 y_0 の球の内部を指すものとする．

補題 5.4 領域 B_R 上で $h \geq 0$ とし，定数でない関数 $u \in C^2(B_R) \cap C^0(\overline{B_R})$ が，B_R 上 $L[u] + h(x)u \leq 0$ および $u < 0$ をみたし，$u(x_0) = 0$ となる $x_0 \in \partial B_R$ が存在するとしよう．このとき，

$$\frac{\partial u}{\partial \nu}(x_0) > 0$$

5.2 楕円型方程式の強最大値の原理とホップの補題

が成り立つ. ここで ν は B_R の外向き法線ベクトルである.

条件より
$$\frac{\partial u}{\partial \nu}(x_0) \geq 0$$
は明らかに従うので, 等号がとれることが重要なポイントである.

証明
$$w := e^{-\gamma |x|^2} - e^{-\gamma R^2}$$
とおくと,

$L[w] + h(x)w$

$= -\sum_{i,j=1}^{N} 4a_{i,j}\gamma^2 x_i x_j e^{-\gamma|x|^2} + \sum_{i=1}^{N}(2a_{i,i}\gamma e^{-\gamma|x|^2} - 2b_i \gamma x_i e^{-\gamma|x|^2})$

$\quad + h(x)(e^{-\gamma|x|^2} - e^{-\gamma R^2})$

$\leq -4\gamma^2 \mu |x|^2 e^{-\gamma|x|^2} + \frac{2\gamma N}{\mu} e^{-\gamma|x|^2} + 2\gamma C_1 |x| e^{-\gamma|x|^2} + C_2 e^{-\gamma|x|^2}$

となる. ここで C_1, C_2 は $\max|b_i|$ や $\max|h|$ のみによる定数である. γ を十分大きくすると, 円環領域 $D := B_R \setminus B_{R/2}$ で
$$L[w] + h(x)w < 0$$
が成り立つ. $v := u + \varepsilon w$ は,
$$L[v] + h(x)v \leq L[u] + h(x)u + \varepsilon(L[w] + h(x)w) < 0$$
をみたす. また $|x| = R$ のとき,
$$v(x) \leq u(x) + \varepsilon(e^{-\gamma R^2} - e^{-\gamma R^2}) \leq 0$$
となる. 一方, $|x| = R/2$ のとき, ε を十分小さくとると,
$$v(x) \leq \max_{|x|=R/2} u(x) + \varepsilon(e^{-\gamma R^2/4} - e^{-\gamma R^2}) < 0$$

とできる．$h(x) \geq 0$ のとき最大値の原理（定理 5.1）より，$v \leq 0$ が導かれる．これより，
$$\frac{\partial v}{\partial \nu}(x_0) \geq 0$$
が得られる．よって，
$$\frac{\partial u}{\partial \nu}(x_0) \geq \varepsilon 2\gamma R e^{-\gamma R^2} > 0$$
が従う． □

注意 5.5 h が非負でないときも，この補題 5.4 は成り立つ．$a^+ := \max\{a, 0\}$，$a^- := \min\{a, 0\}$ という表記を用いると，$L[v] + h(x)v \leq 0$ は
$$L[v] + h(x)^+ v \leq -h(x)^- v \leq 0$$
と変形できるので，$h(x) \geq 0$ の場合に帰着できる．

定理 5.6 （楕円型方程式の強最大値の原理） 有界領域 Ω 上で $u \in C^2(\Omega) \cap C^0(\overline{\Omega})$ が，
$$L[u] + h(x)u \leq 0$$
をみたし，定数関数でないとする．

(i) $h(x) \equiv 0$ のとき，u は Ω の内部で最大値をとらない．境界でのみ最大値をとる．

(ii) $h(x) \geq 0$ のとき，$\partial\Omega$ 上 $u \leq 0$ なら，Ω 内では $u < 0$ となる．

証明 まず，(i) を示そう．$h(x) \equiv 0$ を仮定し，Ω 内の点 x_0 で最大値 M をとるとして矛盾を導く．u は定数関数でないので Ω 内の点 x_1 で $u(x_1) < M$ となる．したがって
$$\Omega_M := \{x \in \Omega \mid u(x) = M\}$$

と定義すると，Ω_M に接する Ω 内にある円板 B_R が存在する．補題5.4より，$x_0 \in \partial B_R$ で

$$u(x_0) = M, \qquad \frac{\partial u}{\partial \nu}(x_0) > 0$$

となる．これは x_0 が最大値 M をとる点なので $\nabla u(x_0) = 0$ が成り立っていることに反する．これより (i) が従う．

$h \geq 0$ の場合も同様に示すことができる． □

5.3 放物型方程式の最大値の原理

次に放物型方程式の最大値の原理を復習しておこう．$Q_T := \Omega \times (0, T]$，$\Gamma := \Omega \times \{t = 0\} \cup \partial\Omega \times [0, T]$ と表すことにする．Γ は**放物型境界 (parabolic boundary)** と呼ばれる．係数は t にも依存してよい．$a_{ij}(x, t)$，$b_i(x, t)$，$h(x, t)$ などの係数は $\overline{Q_T}$ 上有界な連続関数とする．まず，Ω が有界な場合を考えよう．

定理 5.7 （放物型方程式の最大値の原理）　関数 $u \in C^{2;1}(Q_T) \cap C^0(\overline{Q_T})$ が Q_T 上で

$$u_t + L[u] + h(x, t)u \leq 0$$

をみたすとする．Γ 上 $u \leq 0$ なら，Q_T 上で $u \leq 0$ が成り立つ．

証明　まず，$h \equiv 0$ を仮定して，

$$u_t + L[u] < 0 \tag{5.5}$$

が成り立つ場合を考えよう．$(x_0, t_0) \in \Omega \times (0, T)$ で最大値をとるとすると，

$$u_t(x_0, t_0) = 0, \quad \nabla u(x_0, t_0) = 0,$$
$$\sum_{i,j=1}^{N} a_{i,j}(x_0, t_0) \frac{\partial^2 u}{\partial x_i \partial x_j}(x_0, t_0) \leq 0$$

なので,
$$u_t + L[u] \geq 0$$
となり, (5.5) と矛盾する. また, u が $t = T$ で最大値をとる場合も, $u_t(x_0, T) \geq 0$ に置き換えることにより, 同様に矛盾が導かれる. つまり,
$$\max_{(x,t)\in \overline{Q_T}} u = \max_{(x,t)\in \Gamma} u \tag{5.6}$$
が得られた.

次に, 等号付き不等号が成り立つ場合, つまり,
$$u_t + L[u] \leq 0 \tag{5.7}$$
が成り立つ場合を考えよう. 関数を $v = u + \varepsilon e^{-t}$ と補正すると v は
$$v_t + L[v] = u_t + L[u] - \varepsilon \epsilon^{-t} < 0$$
をみたすので, (5.6) を用いて
$$\max_{(x,t)\in \overline{Q_T}} u \leq \max_{(x,t)\in \overline{Q_T}} (u + \varepsilon e^{-t}) = \max_{(x,t)\in \Gamma} (u + \varepsilon e^{-t})$$
となる. $\varepsilon \to 0$ とすると, (5.7) の場合も (5.6) が得られる.

最後に h が一般の場合を取り扱おう. $M = \max_{\overline{Q_T}} |h(x,t)|$ と定めて, $v = ue^{-Mt}$ とおく.
$$v_t + L[v] + (M+h)v = e^{-Mt}(u_t + L[u] + hu) \leq 0$$
と変形できる. v が正の最大値をとるとすると, $D := \{(x,t) \mid u(x,t) \geq 0\}$ 上で
$$v_t + L[v] \leq -(M + h(x,t))v \leq 0$$
となるので, $h \equiv 0$ の場合に帰着できる. この場合はすでに示したので, D 上で $v \leq 0$ となるが, これは D 内で正の最大値をとることに矛盾する. □

5.3 放物型方程式の最大値の原理

注意 5.8 定理 5.7 は，$h(x,t) \geq 0$ のとき $\max_{\overline{Q_T}} u \leq \max_\Gamma u^+$ と拡張できる．

次に，強最大値の原理の準備として以下の補題を示そう．

補題 5.9 関数 $u \in C^{2;1}(Q_T) \cap C^0(\overline{Q_T})$ が Q_T 上で
$$u_t + L[u] + h(x,t)u \leq 0$$
および Γ 上 $u \leq 0$ をみたすとする．Q_T 内の $B_R(x_0, t_0)$ で $u < 0$, $\partial B_R(x_0, t_0)$ 上の点 (x_1, t_1) で $u(x_1, t_1) = 0$ になるとすると，(x_1, t_1) は球の北極か南極である．つまり，$x_1 = x_0$ かつ，t_1 は $t_0 + R$ または $t_0 - R$ である．

証明 u の代わりに $v = e^{-Mt}u$ を考えることにより，$h(x,t)$ は非負を仮定し，最大値の原理（定理 5.7）より Q_T 上で $u \leq 0$ が従うことに注意しておく．さらに，$B_R(x_0, t_0)$ の境界上では (x_1, t_1) のみにおいて $u = 0$ と仮定してよい．なぜなら仮定より (x_1, t_1) に接する少し小さい球を考えればよいからである．

$$w := e^{-\gamma(|x-x_0|^2 + (t-t_0)^2)} - e^{-\gamma R^2}$$

とおくと，w は $B_R(x_0, t_0)$ の内部で正，境界で 0，外部で負となる．$x_1 \neq x_0$ と仮定して矛盾を導こう（図 5.1）．十分小さな正数 $\delta \in (0, |x_1 - x_0|)$ を半径とする球 $B_\delta(x_1, t_1) \subset Q_T$ を考える．正定数 C_1, C_2 を用いて

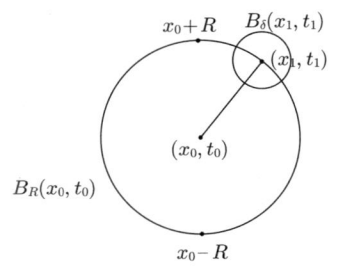

図 5.1 補題 5.9 の証明

$$w_t + L[w] + hw$$
$$= \Big[-2\gamma(t-t_0) - \sum_{i,j} 4a_{i,j}\gamma^2(x_i - x_{0,i})(x_j - x_{0,j})$$
$$+ \sum_i \Big(2a_{i,i}\gamma - 2b_i\gamma(x_i - x_{0,i})\Big)\Big] e^{-\gamma(|x-x_0|^2 - (t-t_0)^2)} + hw$$
$$\leq -2\gamma e^{-\gamma(|x-x_0|^2 + (t-t_0)^2)} \Big[t - t_0 + 2\mu\gamma|x-x_0|^2 - \frac{N}{\mu} - C_1|x-x_0| - \frac{C_2}{\gamma}\Big]$$

と評価できる. $\overline{B_\delta(x_1, t_1)}$ では, δ の選び方から $|x-x_0| \geq |x_1-x_0| - |x-x_1| \geq R - \delta > 0$ なので, $w_t + L[w] + hw < 0$ となるように γ をとることができる. $(x,t) \in \partial B_\delta(x_1, t_1) \cap \overline{B_R(x_0, t_0)}$ 上では $u < 0$ なので, ε を小さくすれば $v := u + \varepsilon w < 0$ とでき, $(x,t) \in \partial B_\delta(x_1, t_1) \setminus \overline{B_R(x_0, t_0)}$ 上では, $u \leq 0$ と $w < 0$ を合わせると, $v < 0$ とわかる. 以上より, $\partial B_\delta(x_1, t_1)$ 上で $v < 0$ となることがわかる. $B_\delta(x_1, t_1)$ 上

$$v_t + L[v] + h(x,t)v = u_t + L[u] + h(x,t)u + \varepsilon(w_t + L[w] + h(x,t)w) < 0$$

なので, 最大値の原理より

$$\max_{(x,t) \in B_\delta(x_1, t_1)} v \leq \max_{(x,t) \in \partial B_\delta(x_1, t_1)} v < 0$$

となる. これは, $B_\delta(x_1, t_1)$ の内部の点 (x_1, t_1) で $v(x_1, t_1) = 0$ となることに矛盾する. □

補題 5.10 関数 $u \in C^{2;1}(Q_T) \cap C^0(\overline{Q_T})$ が Q_T 上

$$u_t + L[u] + h(x,t)u \leq 0$$

および Γ 上 $u \leq 0$ をみたすとする. $u(x_2, t_2) < 0$ となる $(x_2, t_2) \in Q_T$ が存在するなら, 任意の $x \in \Omega$ に対して $u(x, t_2) < 0$ となる.

証明 $u(x_3, t_2) = 0$ となる $x_3 \in \Omega$ が存在するとしよう.

$$E = \{(y, s) \in Q_T \mid u(y, s) = 0\}, \quad d(x) = \inf_{(y,s) \in E} |(x, t_2) - (y, s)|$$

とおくと, $d(x) \leq |x - x_3|$ をみたす. $d(x) > 0$ なら, 補題 5.9 より $u(x_2, t_2 + d(x_2)) = 0$ または $u(x_2, t_2 - d(x_2)) = 0$ となる. つまり $(x_2, t_2 \pm d(x_2))$ のいずれかが E の元となっている. $|e| = 1$ なる任意の元 e に対して, $(x_2 + \delta e, t_2)$ と $(x_2, t_2 \pm d(x_2))$ の距離は $\sqrt{d(x_2)^2 + \delta^2}$ なので

$$d(x_2 + \delta e) \leq \sqrt{d(x_2)^2 + \delta^2}$$

が成り立つ. また, $d(x_2) > 0$ なのでテイラー展開より

$$d(x_2 + \delta e) \leq \sqrt{d(x_2)^2 + \delta^2} \leq d(x_2) + \frac{\delta^2}{2d(x_2)}$$

と評価できる. これは, d が δ について単調非増大であることを意味している. 一方, $d(x_3) = 0$ なので $d \equiv 0$ となる. これより, $u(x, t_2) \equiv 0$ なので, 矛盾が得られる. □

この補題は Q_T が直積領域でない場合でも成り立ち, Q_T 内の (x_2, t_2) を含む $\Omega \times \{t_2\}$ の連結成分について成り立つ.

定理 5.11 (放物型方程式の強最大値の原理)

関数 $u \in C^{2;1}(Q_T) \cap C^0(\overline{Q_T})$ が Q_T 上で

$$u_t + L[u] + h(x, t)u \leq 0$$

をみたすとする. Γ 上 $u \leq 0$ なら, Q_T 上で $u < 0$ となるか, あるいは u は Q_T 上恒等的に 0 となる.

証明 補題 5.9 と同様, $h \geq 0$ を仮定してよい. u が Q_T の内点 (x_0, t_0) で最大値 0 をとるとしよう. 補題 5.9, 補題 5.10 より

$$\{(x, t) \in \overline{Q_T} \mid u(x, t) = 0\}$$

のうち t が下限を t_0 となるように (x_0, t_0) に取り直すことができる. 正数 γ, β に対して

$$v(x) = e^{-\gamma|x - x_0|^2 - \beta(t - t_0)} - 1$$

とおくと，

$$v_t + L[v] + hv$$
$$= \Big[-\beta - \sum_{i,j=1}^N 4a_{i,j}\gamma^2(x_i-x_{0,i})(x_j-x_{0,j})$$
$$+ \sum_{i=1}^N (2a_{i,i}\gamma - 2b_i\gamma(x_i-x_{0,i}))\Big]e^{-\gamma|x-x_0|^2-\beta(t-t_0)} + hv$$
$$\leq \Big[-\beta - 4\gamma^2\mu|x-x_0|^2 + \frac{2\gamma N}{\mu} + 2\gamma C_1|x-x_0|\Big]e^{-\gamma|x-x_0|^2-\beta(t-t_0)}$$

となり，β を大きくとれば

$$v_t + L[v] + hv < 0$$

とできる．正数 δ を小さくとって，領域

$$K_\delta = \{(x,t) \in B_\delta(x_0,t_0) \mid \gamma|x-x_0|^2 + \beta(t-t_0) \leq 0\}$$

が Q_T に入るようにする．ε を小さくとると $w = u + \varepsilon v$ は ∂K_δ 上で非正となる．実際，$\gamma|x-x_0|^2 + \beta(t-t_0) = 0$ では $v = 0$ となっているので，$w \leq 0$ となる．また，(x_0,t_0) の取り方から $\partial K_\delta \cap \partial B_\delta(x_0,t_0)$ 上の点では ε を小さくとることで，$w < 0$ とできるからである．

一方，

$$w_t + L[w] + hw < 0$$

も成り立つので，最大値の原理より K_δ 上で $w \leq 0$ となる．(x_0,t_0) で w は最大値 0 をとるので $w_t(x_0,t_0) \geq 0$ となる．これより

$$u_t(x_0,t_0) \geq -\varepsilon v_t(x_0,t_0) = \varepsilon\beta > 0$$

なので，(x_0,t_0) の取り方に矛盾する． □

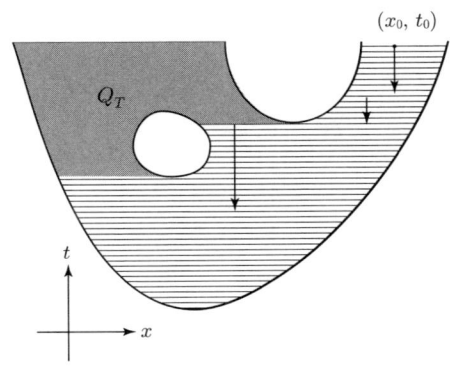

図5.2 一般の領域での強最大値の原理. (x_0, t_0) で最大値 0 をとる場合 $u = 0$ となることが従う部分が横線で示されている.

Q_T が一般の領域の場合，図 5.2 のように $u(x_0, t_0) = 0$ となるとすると，下と横でつながる点全体で $u = 0$ とわかる．

ノイマン境界条件の場合の最大値の原理を述べておこう．

定理 5.12（放物型方程式の最大値の原理）
関数 $u \in C^{2;1}(Q_T) \cap C^{1;0}(\overline{Q_T})$ が Q_T 上で恒等的に 0 ではなく

$$u_t + L[u] + h(x,t)u \leq 0$$

をみたすとする．$\partial \Omega$ 上 $\partial u / \partial \nu \leq 0$ および Ω 上 $u(x, 0) \leq 0$ とすると，$\overline{\Omega} \times (0, T]$ 上で $u < 0$ となる．ここで ν は Ω の外向き法線ベクトルである．

証明 $\overline{\Omega} \times (0, T]$ で非負の最大値 M をとると仮定しよう．すると $u = 0$ となる最小の t_0 をとることができる．つまり，$\Omega \times [0, t_0)$ 上 $u < 0$ および $u(x_0, t_0) = 0$ となる $x_0 \in \overline{\Omega}$ が存在する．(x_0, t_0) が Q_T の内点なら，強最大値の原理（定理 5.11）より，$u \equiv 0$ となる．したがって，x_0 は Ω の境界の点となり，$x \in \Omega$ では $u(x, t_0) < 0$ となる．x_0 で $\partial \Omega$ と接するような Q_T 内の球 $B_R(x_1, t_0)$ をとる．

$$v = e^{-\gamma(|x - x_1|^2 + |t - t_0|^2)} - e^{-R^2}$$

として $w = u + \varepsilon v$ および

$$K_\delta = \{(x,t) \in Q_T \mid (x,t) \in B_\delta(x_0,t_0) \cap B_R(x_1,t_0),\ 0 < t < t_0\}$$

を考える．補題5.9と同様の計算より δ, ε を十分小さくとると

$$w_t + L[w] + hw < 0$$

および (x_0, t_0) を除く K 上 $w < 0$ が従う．これより，

$$\frac{\partial w}{\partial \nu}(x_0, t_0) \geq 0$$

となり，

$$\frac{\partial u}{\partial \nu}(x_0, t_0) = -\varepsilon \frac{\partial v}{\partial \nu}(x_0, t_0) = 2\varepsilon \gamma \nu \cdot (x_0 - x_1) e^{-\gamma |x_0 - x_1|^2} > 0$$

が得られるので，仮定に矛盾する． □

Ω が非有界のとき，以下のような定理が成り立つ．

定理5.13 (フラグメン・リンデレフの原理)
関数 $u \in C^{2;1}(Q_T) \cap C^0(\overline{Q_T})$ が Q_T 上で

$$u_t + L[u] + h(x,t)u \leq 0$$

をみたすとする．ある正数 γ が存在し

$$\liminf_{R \to \infty} e^{-\gamma R^2} \left(\max_{|x|=R, 0 \leq t \leq T, x \in \Omega} u(x,t) \right) \leq 0$$

が成り立つと仮定する．このとき，Ω 上 $u(x,0) \leq 0$ なら，Q_T 上で $u \leq 0$ が成り立つ．

5.3 放物型方程式の最大値の原理

証明 $\rho = e^{\alpha\gamma|x|^2/(\alpha-\gamma t)+\beta t}$ とおいて $w = u(x,t)/\rho(x,t)$ を考えると

$$u_t + L[u] + hu$$
$$= \rho_t w + \rho w_t - \sum_{i,j=1}^{N} a_{i,j}\Big(\rho_{x_i} w + \rho w_{x_i}\Big)_{x_j}$$
$$+ \sum_{i=1}^{N} b_i \Big(\rho_{x_i} w + \rho w_{x_i}\Big) + h\rho w \leq 0$$

と計算できて

$$w_t + \widetilde{L}[w] + \widetilde{h}w \leq 0$$

とまとめられる. ここで,

$$\widetilde{L}[w] := -\sum_{i,j=1}^{N} a_{i,j} w_{x_i x_j} + \sum_{i=1}^{N}\Big(b_i - \sum_{j=1}^{N}\frac{2a_{i,j}\rho_{x_j}}{\rho}\Big)w_{x_i}$$
$$= -\sum_{i,j=1}^{N} a_{i,j} w_{x_i x_j} + \sum_{i=1}^{N}\Big(b_i - \sum_{j=1}^{N}\frac{4\alpha\gamma x_j a_{i,j}}{\alpha-\gamma t}\Big)w_{x_i},$$

$$\widetilde{h} := \frac{\rho_t}{\rho} - \sum_{i,j=1}^{N} a_{i,j}\frac{\rho_{x_i x_j}}{\rho} + \sum_{i=1}^{N} b_i \frac{\rho_{x_i}}{\rho} + h$$
$$= \beta + \frac{\alpha\gamma^2|x|^2}{(\alpha-\gamma t)^2} - \sum_{i,j=1}^{N} a_{i,j} \frac{4\alpha^2\gamma^2 x_i x_j}{(\alpha-\gamma t)^2}$$
$$+ \sum_{i=1}^{N}\Big(-\frac{2a_{i,i}\alpha\gamma}{\alpha-\gamma t} + \frac{2b_i \alpha\gamma x_i}{\alpha-\gamma t}\Big) + h$$

を用いた. $\Omega_R := \{x \in \Omega \mid |x| \leq R\}$, $\Gamma_R := \partial\Omega_R \times [0, \alpha/(2\gamma)] \cup \Omega_R \times \{t = 0\}$ および $Q_{R,\alpha/(2\gamma)} := \Omega_R \times (0, \alpha/(2\gamma)]$ を考え, $\widetilde{h}$ および $\widetilde{L}$ の係数の有界

性を示そう．相加相乗平均を変形した不等式

$$4AB \leq \frac{4A^2}{\alpha} + \alpha B^2$$

を用いることにより

$$\begin{aligned}
|\widetilde{h} - \beta| &\leq |h| + \frac{4\gamma^2|x|^2}{\alpha} - 4\mu\gamma^2|x|^2 + \frac{4N\gamma}{\mu} + 4N \max_i |b_i|\gamma|x| \\
&\leq |h| - \frac{4\gamma^2(\mu\alpha - 2)|x|^2}{\alpha} + \frac{4N\gamma}{\mu} + \alpha N^2 \Big(\max_i |b_i|\Big)^2
\end{aligned}$$

が得られ，$\mu\alpha > 2$ とすれば $\widetilde{h}$ は R に関係なく正で有界となるようにできる．そのため，α, γ は R に依存しない定数としてとることができる．$\widetilde{L}$ の 1 階偏導関数の係数も，R を止めるごとに有界なので $Q_{R,\alpha/(2\gamma)}$ で最大値の原理を用いることができる．

$(y, s) \in \Omega \times (0, \alpha/(2\gamma)]$ を固定しよう．条件より任意の正数 ε に対して十分大きな R が存在して Γ 上 $w \leq \varepsilon$ および $y \in \Omega_R$ が成り立つようにできる．最大値の原理および注意 5.8 より $Q_{R,\alpha/(2\gamma)}$ 上 $w \leq \varepsilon$ となる．ε は任意なので，$R \to \infty, \varepsilon \to 0$ とすることで $w(y, s) \leq 0$ が従う．これを繰り返すことにより，Q_T 上で $w \leq 0$ が導かれる．したがって $u \leq 0$ となる．   □

5.4 反応拡散系の比較原理と不変領域

この節では，最大値の原理の反応拡散系への応用として不変領域と比較原理について説明する．次のような 2 成分の反応拡散系

$$\begin{cases} u_t = d_1 \Delta u + f(u, v) & (x \in \Omega, \ t > 0), \\ v_t = d_2 \Delta v + g(u, v) & (x \in \Omega, \ t > 0), \\ \dfrac{\partial u}{\partial \nu} = \dfrac{\partial v}{\partial \nu} = 0 & (x \in \partial\Omega, \ t > 0) \end{cases} \tag{5.8}$$

および初期条件

$$u(x, 0) = u_0(x), \quad v(x, 0) = v_0(x) \qquad (x \in \Omega) \tag{5.9}$$

を考えよう．d_1, d_2 は正定数で，f, g は $\mathbb{R}^2$ から $\mathbb{R}$ への滑らかな関数とする．この方程式の解を $(u(x,t), v(x,t))$ と書く．特に初期値を明示したいときは $(u(x,t;u_0,v_0), v(x,t;u_0,v_0))$ と表す．拡散のない常微分方程式系は

$$\begin{cases} U_t = f(U, V), \\ V_t = g(U, V) \end{cases} \tag{5.10}$$

となる．(5.10) の解は $(U(t), V(t)) = (U(t;U_0,V_0), V(t;U_0,V_0))$ と表す．$\mathbb{R}^2$ の領域 K の点を初期値とする (5.10) のすべての解 $(U(t), V(t))$ が $t > 0$ で K 内にとどまるとき，K は (5.10) の **正不変領域 (positively invariant region)** と呼ばれる．また，(5.8)–(5.9) の解については，初期値 (u_0, v_0) が Ω 上 $(u_0(x), v_0(x)) \in K$ をみたすならば，(5.8)–(5.9) の解 $(u(x,t), v(x,t))$ についても任意の $t > 0$ および $x \in \Omega$ で $(u(x,t;u_0,v_0), v(x,t;u_0,v_0)) \in K$ が成り立つとき，K は (5.8) の **正不変領域** と呼ばれる．

では，どのような領域 K が (5.10) の正不変領域になるのであろうか？

補題 5.14 滑らかな関数 G_j ($j = 1, \cdots, m$) を用いて領域

$$K = \bigcap_{j=1}^{m} \{(u,v) \in \mathbb{R}^2 \mid G_j(u,v) \leq 0\}$$

が与えられているとする．このとき，∂K 上

$$G_{j,u}(u,v)f(u,v) + G_{j,v}(u,v)g(u,v) \leq 0 \quad (j = 1, \cdots, m) \tag{5.11}$$

であることと，K が (5.10) の正不変領域であることは同値である．

証明 まず，(5.11) において真の不等号が成り立つと仮定しよう．$(U(0), V(0)) \in K$ としたときにある時刻 $t > 0$ で $(U(t), V(t)) \in \partial K$ となったとしよう．つまり，ある $k \in \{1, \ldots, m\}$ に対して

$$G_k(U(t), V(t)) = 0$$

となる．連鎖律および仮定より

$$\frac{d}{dt} G_k(U(t), V(t)) = G_{k,u}(U,V)f(U,V) + G_{k,v}(U,V)g(U,V) < 0$$

となるので，解 $(U(t), V(t))$ は K から出ないことが従う．

なお，(5.11) の不等式において等号がつく場合は，

$$U_t^\varepsilon = f(U^\varepsilon, V^\varepsilon) - \varepsilon G_{k,u}(U^\varepsilon, V^\varepsilon)$$

$$V_t^\varepsilon = g(U^\varepsilon, V^\varepsilon) - \varepsilon G_{k,v}(U^\varepsilon, V^\varepsilon)$$

の解 $(U^\varepsilon, V^\varepsilon)$ を考えて，パラメータに関する連続性を用いればよい．

逆に，K が正不変領域なら，$(U(0), V(0)) \in \partial K$ とすると $t > 0$ のとき $(U(t), V(t)) \in K$ なので，連鎖律より (5.11) が導かれる． □

あとで例を挙げて説明するが，この条件は比較的容易に確認できるので，常微分方程式系の正不変領域を構成することができる．これを用いて反応拡散系 (5.8) の正不変領域を作ろう．

定理 5.15 （反応拡散系の不変領域）　矩形領域 $K = [a,b] \times [c,d]$ が (5.10) の正不変領域とする．このとき，K は (5.8) の正不変領域となる．ただし，$a < b, c < d$ とする．

証明　K は (5.10) の正不変領域なので，補題 5.14 より $a \le u \le b, c \le v \le d$ の範囲で

$$-f(a,v) \le 0, \quad f(b,v) \le 0, \quad -g(u,c) \le 0, \quad g(u,d) \le 0$$

が成り立っている．実際，$G_1 = (u-a)(u-b), G_2 = (v-c)(v-d)$ ととればよい．初期値が $(u_0(x), v_0(x)) \in K$ をみたす解 (u,v) を考える．$(x_0, t_0) \in Q_T$ で u が最小値 a をとるとしよう．$w = a - u$ は (x_0, t_0) で最大値 0 をとることになる．w は

$$\begin{aligned} w_t &= d_1 \Delta w - f(a-w, v) \\ &= d_1 \Delta w - f(a-w, v) + f(a,v) - f(a,v) \\ &= d_1 \Delta w + h(x,t) w - f(a,v) \end{aligned}$$

をみたす．ここで

$$h(x,t) = \frac{-f(a-w,v) + f(a,v)}{w} = \int_0^1 f_u(a-\theta w, v) d\theta$$

と定めた．これより，

$$w_t - d_1 \Delta w - hw = -f(a, v) \leq 0$$

なので，最大値の原理（定理 5.12）より恒等的に 0 でない限り 0 を最大値としてとらない．したがって，$u \geq a$ となる．同様に $u \leq b$ や $c \leq v \leq d$ も示すことができる． □

$d_1 \neq d_2$ のとき，(5.10) の矩形でない正不変領域 K は (5.8) の正不変領域とはならない．初期値をうまく選ぶことにより K から出て行くような (5.8) の解を作ることができる（[44] および演習問題 5.1 参照）．拡散係数が等しいときは，領域は必ずしも矩形領域である必要はない．

定理 5.16 (**Weinberger [51]**) $d_1 = d_2 > 0$ のとき，凸領域 K が (5.10) の正不変領域であるならば，K は (5.8) の正不変領域となる．

証明は省略するので，[44, 51] を参照してほしい．

これらの正不変領域を用いると解の大域的存在を示すことができる．たとえば，有界領域 Ω 上のロトカ・ヴォルテラ型拡散競争系 (2.4) を考えよう．境界条件はノイマン境界条件とする．このとき，

$$b \geq \max\left\{\frac{a_1}{b_1}, \frac{a_2}{b_2}\right\}, \quad d \geq \max\left\{\frac{a_1}{c_1}, \frac{a_2}{c_2}\right\}$$

となる定数 b, d について矩形領域 $K = [0, b] \times [0, d]$ は (2.3) の正不変領域になることがわかる．したがって，定理 5.15 より，ノイマン境界条件のもと (2.4) の正不変領域にもなる．これより正の有界な初期値から出発する解は有界であることが導かれる．

定理 5.17 (比較原理) $j = 1, 2$ について $(u_{0,j}(x), v_{0,j}(x))$ を初期値とする (5.8) の解 $(u(x, y; u_{0,j}, v_{0,j}), v(x, y; u_{0,j}, v_{0,j}))$ を (u_j, v_j) と表す．

(5.10) の正不変領域となる矩形領域 $K = [a,b] \times [c,d]$ が存在し，任意の $(u,v) \in K$ に対して

$$f_v(u,v) \geq 0, \quad g_u(u,v) \geq 0$$

が成り立つと仮定する．このとき，K 内の初期値 $(u_{0,j}(x), v_{0,j}(x))$ が Ω 上

$$u_{0,1}(x) \leq u_{0,2}(x), \quad v_{0,1}(x) \leq v_{0,2}(x)$$

をみたすならば，$t > 0$，$x \in \Omega$ で

$$u_1(x,t) \leq u_2(x,t), \quad v_1(x,t) \leq v_2(x,t)$$

が成り立つ．

証明 $U = u_1 - u_2$，$V = v_1 - v_2$ とおくと，平均値の定理より

$$\begin{cases} U_t = d_1 \Delta U + a_{11} U + a_{12} V, \\ V_t = d_2 \Delta V + a_{21} U + a_{22} V \end{cases} \tag{5.12}$$

となる．ここで

$$a_{11} = \int_0^1 f_u(\theta u_1 + (1-\theta)u_2, \theta v_1 + (1-\theta)v_2)\, d\theta,$$

$$a_{12} = \int_0^1 f_v(\theta u_1 + (1-\theta)u_2, \theta v_1 + (1-\theta)v_2)\, d\theta,$$

$$a_{21} = \int_0^1 g_u(\theta u_1 + (1-\theta)u_2, \theta v_1 + (1-\theta)v_2)\, d\theta,$$

$$a_{22} = \int_0^1 g_v(\theta u_1 + (1-\theta)u_2, \theta v_1 + (1-\theta)v_2)\, d\theta$$

と定めた．仮定より $a_{12} \geq 0$，$a_{21} \geq 0$ および a_{11}, a_{22} は有界であることに注意すると，$U(x,t) \leq 0$，$V(x,t) \leq 0$ の範囲では (5.12) より

$$\begin{cases} U_t - d_1 \Delta U - a_{11} U = a_{12} V \leq 0, \\ V_t - d_2 \Delta V - a_{22} V = a_{21} U \leq 0 \end{cases}$$

が成り立つ．ある点 (x_0, t_0) で U または V が正になるとして矛盾を導こう．ここでは，$U(x_0, t_0) > 0$ とする．$j = 1, 2$ および $(x, t) \in \Omega \times [0, t_0]$ で

$$\beta > a_{j1}(x, t) + a_{j2}(x, t)$$

が成り立つように定数 β をとり，$U_\varepsilon := U - \varepsilon e^{\beta t}$, $V_\varepsilon := V - \varepsilon e^{\beta t}$ とおく．正数 ε を十分小さくとると，$U_\varepsilon(x_0, t_0) > 0$ となる．したがって，$(x, t) \in \Omega \times [0, t_\varepsilon)$ で

$$U_\varepsilon(x, t) < 0, \quad V_\varepsilon(x, t) < 0$$

かつ

$$U_\varepsilon(x_\varepsilon, t_\varepsilon) = 0$$

となるような $(x_\varepsilon, t_\varepsilon) \in \overline{\Omega} \times (0, t_0)$ が存在する．$\Omega \times [0, t_\varepsilon]$ 上で

$$
\begin{aligned}
(U_\varepsilon)_t - d_1 \Delta U_\varepsilon - a_{11} U_\varepsilon &= U_t - d_1 \Delta U - a_{11} U - \varepsilon \beta e^{\beta t} + a_{11} \varepsilon e^{\beta t} \\
&= a_{12} V - \varepsilon \beta e^{\beta t} + a_{11} \varepsilon e^{\beta t} \\
&= a_{12} V_\varepsilon - \varepsilon e^{\beta t} (\beta - a_{11} - a_{12}) < 0
\end{aligned}
$$

をみたす．また，$U_\varepsilon(x, 0) < 0$ およびノイマン境界条件 $\partial U_\varepsilon / \partial \nu = 0$ をみたしているので，定理 5.12 より $\overline{\Omega} \times [0, t_\varepsilon]$ 上 $U_\varepsilon < 0$ となり，$U_\varepsilon(x_\varepsilon, t_\varepsilon) = 0$ に矛盾する．$V(x_0, t_0) = 0$ の場合も同様に示すことができるので，$t > 0$, $x \in \Omega$ において $U(x, t) \leq 0$, $V(x, t) \leq 0$ が示される． □

注意 5.18 比較定理は m 成分系

$$u_{j,t} = d_j \Delta u_j + f_j(u_1, \cdots, u_m), \quad 1 \leq j \leq m$$

にも拡張できる．条件は $k \neq j$ について

$$\frac{\partial f_j}{\partial u_k} \geq 0$$

と変更すればよい．

ロトカ・ヴォルテラ競争系を考えよう.先に述べたように正不変領域 $K = [0,b] \times [0,d]$ をとることができる.$u = p_1, v = d - p_2$ とおくと,

$$f(u,v) = \Big(a_1 - b_1 u - c_1(d-v)\Big)u,$$
$$g(u,v) = -\Big(a_2 - b_2 u - c_2(d-v)\Big)(d-v)$$

と変形でき,K 上

$$f_v = c_1 u \geq 0, \quad g_u = b_2(d-v) \geq 0$$

なので,比較定理の仮定をみたす.したがって,(2.4) の 2 つの解 (p_1, p_2) および (P_1, P_2) を考えると,$x \in \Omega$ で

$$0 \leq p_1(x,0) \leq P_1(x,0), \quad 0 \leq P_2(x,0) \leq p_2(x,0)$$

が成り立つならば,$t > 0, x \in \Omega$ で

$$0 \leq p_1(x,t) \leq P_1(x,t), \quad 0 \leq P_2(x,t) \leq p_2(x,t)$$

が成り立つ.特に 1 つの解を定数関数ととることにより常微分方程式系 (2.3) の解と比較することができる.つまり,$(P_1, P_2), (Q_1, Q_2)$ を (2.3) の解として,初期値を

$$Q_1(0) \leq p_1(x,0) \leq P_1(0), \quad P_2(0) \leq p_2(x,0) \leq Q_2(0)$$

をみたすようにとると,$t > 0$ のとき

$$Q_1(t) \leq p_1(x,t) \leq P_1(t), \quad P_2(t) \leq p_2(x,t) \leq Q_2(t)$$

が得られる.単安定型の場合,(2.3) の各成分が正となるすべての解は安定平衡点に収束するので,この安定平衡点を (u_*, v_*) で表すと

$$\lim_{t \to \infty} P_1(t) = \lim_{t \to \infty} Q_1(t) = u_*, \quad \lim_{t \to \infty} P_2(t) = \lim_{t \to \infty} Q_2(t) = v_*$$

となっている.したがって,(2.4) の各成分が正の値をとるすべての解は安定定数平衡点 (u_*, v_*) に収束することが示される.

5.5 優解・劣解

楕円型作用素 L を (5.1) で与えたものとし，その係数は領域 Ω 上有界として，

$$\begin{cases} L[U] - f(U) = 0, & x \in \Omega, \\ U = 0, & x \in \partial\Omega \end{cases} \tag{5.13}$$

を考える．このとき，

$$\begin{cases} L[\overline{U}] - f(\overline{U}) \geq 0, & x \in \Omega, \\ \overline{U} \geq 0, & x \in \partial\Omega \end{cases}$$

をみたす $\overline{U}$ を (5.13) の**優解 (supersolution)** といい，

$$\begin{cases} L[\underline{U}] - f(\underline{U}) \leq 0, & x \in \Omega, \\ \underline{U} \leq 0, & x \in \partial\Omega \end{cases}$$

をみたす $\underline{U}$ を (5.13) の**劣解 (subsolution)** という．

注意 5.19 優解・劣解は，ノイマン境界条件の場合にも定義できることは容易にわかる．さらに楕円型作用素だけでなく放物型作用素にも拡張できる（第 5.6 節参照）．

注意 5.20 ここでは詳しくは述べないが，優解・劣解を弱解に拡張することで以下のような性質も成り立つ．U_1, U_2 が (5.13) の優解ならば，$\min\{U_1(\cdot), U_2(\cdot)\}$ も優解となる．また，V_1, V_2 が (5.13) の劣解ならば，$\max\{V_1(\cdot), V_2(\cdot)\}$ も劣解となる．

定理 5.21 (**Sattinger** [45])　(5.13) の優解 $\overline{U}$ と劣解 $\underline{U}$ が

$$\underline{U}(x) \leq \overline{U}(x) \quad (x \in \Omega)$$

をみたすと仮定すると,

$$\underline{U}(x) \leq U(x) \leq \overline{U}(x)$$

をみたす (5.13) の解 U が存在する.

証明 まず, γ を十分大きくとって $(L+\gamma)^{-1}$ が存在するようにし,

$$\gamma > \max_{|u| \leq M} |f_u(u)|$$

が成り立つようにする. ここで

$$M := \max\left\{\max_x |\overline{U}|, \max_x |\underline{U}|\right\}$$

とした. $u_0 := \underline{U}$ として, 漸化式

$$L[u_{n+1}] + \gamma u_{n+1} = f(u_n) + \gamma u_n$$

および $\partial\Omega$ 上の境界条件

$$u_{n+1}(x) = 0$$

をみたすような関数列 $\{u_n(x)\}_{n=0,1,2,\ldots}$ を考えよう.

まず,

$$\underline{U} \leq u_1 \leq \cdots \leq u_n \leq u_{n+1} \leq \cdots \leq \overline{U}$$

をみたすことを示そう. Ω 上,

$$\begin{aligned}
L[u_0 - u_1] + \gamma(u_0 - u_1) &= L[u_0] + \gamma u_0 - (L[u_1] + \gamma u_1) \\
&= L[u_0] + \gamma u_0 - (f(u_0) + \gamma u_0) \\
&= L[\underline{U}] - f(\underline{U}) \leq 0
\end{aligned}$$

となっている. また, $\partial\Omega$ 上では

$$u_0(x) - u_1(x) \leq 0$$

なので，最大値の原理を用いることにより，

$$u_0 \leq u_1$$

が成り立つ．これを帰納的に繰り返そう．$n \geq 1$ のとき，境界 $\partial\Omega$ 上では

$$u_n(x) - u_{n+1}(x) = 0$$

となっている．Ω では，平均値の定理より

$$(L+\gamma)[u_n - u_{n+1}] = \left\{f'(\theta u_{n-1} + (1-\theta)u_n) + \gamma\right\}(u_{n-1} - u_n)$$

となる θ が存在する．したがって，最大値の原理を帰納的に用いることにより $u_n - u_{n+1} \leq 0$ が示され，$u_n(x)$ は単調増大列となる．

一方，$u_n - \overline{U}$ は

$$\begin{aligned}
L[u_n - \overline{U}] + \gamma(u_n - \overline{U}) &= L[u_n] + \gamma u_n - L[\overline{U}] - \gamma\overline{U} \\
&\leq f(u_{n-1}) + \gamma u_{n-1} - f(\overline{U}) - \gamma\overline{U} \\
&\leq \left\{f'(\theta u_{n-1} + (1-\theta)\overline{U}) + \gamma\right\}(u_{n-1} - \overline{U})
\end{aligned}$$

および $\partial\Omega$ 上境界条件

$$u_n(x) - \overline{U}(x) \leq 0$$

をみたすので，$n \geq 1$ に対して

$$u_n \leq \overline{U}$$

が成り立つことがわかる．したがって，極限関数

$$U(x) = \lim_{n \to \infty} u_n(x)$$

が存在する．

u_n は $L^p(\Omega)$ $(p > 1)$ で収束するので，楕円型作用素の性質（第 B 章参照）から u_{n+1} は $W^{2,p}(\Omega)$ で収束することがわかる．$p > N$ ととり，α が

$0 < \alpha < 1 - N/p$ のとき，$W^{1,p}(\Omega)$ は $C^{\alpha}(\overline{\Omega})$ にコンパクトに埋め込まれるので，部分列をとれば $C^{\alpha}(\overline{\Omega})$ で収束する．シャウダー (Schauder) 評価（第 B 章参照）を用いることにより，$C^{2+\alpha}(\overline{\Omega})$ で収束することがわかる．したがって，極限関数 $U(x)$ は滑らかであり，(5.13) をみたすことがわかる． □

注意 5.22 Ω が非有界領域のときは，条件 (5.3) が成り立つと仮定し，定数 A, B を十分大きくとって $\gamma(x) := A|x|^2 + B$ としておけばよい．

5.6 進行波解の優解・劣解

ここでは，アレン・カーン・南雲型方程式の進行波解の優解・劣解を構成しよう．ここでの証明は，

$$f(0) = f(1) = 0, \qquad f'(0) < 0, \qquad f'(1) < 0 \qquad (5.14)$$

と単調進行波解の存在を仮定すれば十分である．進行波解と同じ速度で運動する動座標系 $z = x - ct$ を導入することにより，方程式 (4.1) は，

$$w_t - cw_z - w_{zz} - f(w) = 0 \qquad (5.15)$$

と変形できる．簡単のため

$$\mathcal{F}[w] := w_t - cw_z - w_{zz} - f(w)$$

とおく．

$$-c\Phi' - \Phi'' - f(\Phi) = 0, \quad \Phi(-\infty) = 0, \quad \Phi(\infty) = 1, \quad \Phi' > 0 \quad (5.16)$$

をみたす速度 c の進行波解 $\Phi(z)$ が存在するとする．つまり，(5.15) の定常解であり，

$$\mathcal{F}[\Phi] = 0$$

をみたしている．

f の仮定より，十分小さな正数 $\delta_1 \in (0, 1/2)$ を

$$f'(s) < 0 \qquad (-2\delta_1 \le s \le 2\delta_1,\ 1 - 2\delta_1 \le s \le 1 + 2\delta_1)$$

をみたすようにとっておく．また，

$$m_f := \min_{\substack{-2\delta_1 \leq s \leq 2\delta_1, \\ 1-2\delta_1 \leq s \leq 1+2\delta_1}} (-f'(s)) > 0,$$

$$M_f := \max_{-\delta_1 \leq s \leq 1+\delta_1} |f'(s)| > 0$$

と定義しておく．

補題 5.23 (Fife-McLeod [15], Chen [7]) $w^\pm(z,t)$ を

$$w^\pm(z,t) := \Phi(z \pm \sigma\delta(1-e^{-\beta t})) \pm \delta e^{-\beta t}$$

とおくと，$\beta < m_f$ に対して（十分大きな）σ が存在して，任意の $\delta \in (0, \delta_1/2]$ について w^+, w^- は，それぞれ (5.15) の優解・劣解になる．

証明 $\xi = z \pm \sigma\delta(1-e^{-\beta t})$ と表し，$\mathcal{F}$ を $w^\pm$ に作用させると，

$$\begin{aligned}
\mathcal{F}[w^\pm] &= \pm\Phi'\sigma\delta\beta e^{-\beta t} \mp \delta\beta e^{-\beta t} - c\Phi' - \Phi'' - f(\Phi \pm \delta e^{-\beta t}) \\
&= \pm\delta\beta e^{-\beta t}(\Phi'\sigma - 1) + f(\Phi) - f(\Phi \pm \delta e^{-\beta t}) \\
&= \pm\delta\beta e^{-\beta t}\left(\Phi'(\xi)\sigma - 1 - \frac{1}{\beta}\int_0^1 f'(\Phi(\xi) \pm \theta\delta e^{-\beta t})d\theta\right)
\end{aligned}$$

と変形できる．ここで，括弧内を J とおく．つまり，

$$J := \Phi'(\xi)\sigma - 1 - \frac{1}{\beta}\int_0^1 f'(\Phi(\xi) \pm \theta\delta e^{-\beta t})d\theta$$

が正であることを示せばよい．$\Phi' \geq \gamma_1$ となる正数 γ_1 がとれるときは，σ を大きくとって，他の項を抑えることができる．Φ' が 0 に近づくと，Φ' では他の項を抑えることができない．Φ' が小さいときには，Φ の値が 0 あるいは 1 に近いので，f' が負になり，J が正であることが従う．

厳密に説明していこう．$\Phi' > 0$ なので，正数 γ_1 を

$$\gamma_1 := \min_{\Phi^{-1}(\delta_1) \leq \xi \leq \Phi^{-1}(1-\delta_1)} \Phi'(\xi) > 0$$

ととることができる．

$\Phi^{-1}(\delta_1) \leq \xi \leq \Phi^{-1}(1-\delta_1)$ のとき，

$$J \geq \Phi'(\xi)\sigma - 1 - \frac{M_f}{\beta}$$

$$\geq \sigma\gamma_1 - 1 - \frac{M_f}{\beta} \geq 0$$

をみたすように σ を十分大きくとると，J が正となる．

次に，$\xi \leq \Phi^{-1}(\delta_1)$，$\Phi^{-1}(1-\delta_1) \leq \xi$ のとき，$-2\delta_1 \leq \Phi(\xi) \pm \theta\delta e^{-\beta t} \leq 2\delta_1$ あるいは $1 - 2\delta_1 \leq \Phi(\xi) \pm \theta\delta e^{-\beta t} \leq 1 + 2\delta_1$ となるので，

$$J = \Phi'(\xi)\sigma - 1 - \frac{1}{\beta}\int_0^1 f'(\Phi(\xi) \pm \theta\delta e^{-\beta t})d\theta$$

$$\geq -1 - \frac{1}{\beta}\int_0^1 f'(\Phi(\xi) \pm \theta\delta e^{-\beta t})d\theta$$

$$\geq -1 + \frac{m_f}{\beta}$$

と評価できる．$\beta < m_f$ のとき，J が正であることがわかる．以上より，$w^\pm$ が優解，劣解になることがわかる． □

優解・劣解であることを示す際には，このように領域に分けて評価する手法はよく用いられる．この補題は，進行波解 Φ の漸近安定性を証明する際に使われる．また，多次元進行波解の存在などにも基本的にこの補題と同じ原理が用いられている（[36, 37] 参照）．

5.7 最大値の原理の応用

空間が 1 次元区間 $(0, L)$ の場合には関数の零点の個数が定義できる．u の零点の個数 $+1$ を

$$z[u] := \sup\left\{m \in \mathbb{N} \,\middle|\, \begin{array}{l} u(x_j)u(x_{j+1}) < 0 \ (j = 1, \ldots, m-1) \text{ となる} \\ 0 < x_1 < \cdots < x_j < \cdots < x_m < L \text{ が存在} \end{array}\right\}$$

で定義しよう．ただし，u が定符号のときは，$z[u] = 1$ とする．

区間 $(0, L)$ 上の方程式

$$u_t = u_{xx} + b(x,t)u_x + h(x,t)u \tag{5.17}$$

を考えよう．ここで b, h は有界な関数としておく．解 u の零点の個数が t とともに単調に非増大であるという以下の定理が成り立つ．

定理 5.24 （零点数非増大則 [59]）　$Q_T := (0, L) \times (0, T)$ 上で (5.17) をみたす解 u が $\overline{Q_T}$ で連続なとき，$z[u(\cdot, t)]$ は t について非増大である．

$u > 0$ および $u < 0$ となる集合 $A_1, \ldots, A_m$ を考えよう．これらの境界は $u = 0$ であることに注意する．もしある時刻で $z[u]$ が増加するとすると，ある集合 A_k の放物型境界が $u = 0$ となっていることになる．最大値の原理から A_k 上 $u = 0$ となり，矛盾が得られ，証明できる．詳細は [59] を参照してほしい．

また，多次元空間の場合，楕円型方程式の正値解の対称性についての結果も知られている．ここで**正値解**とは Ω 上で $u > 0$ となる解を意味している．

定理 5.25 （**Gidas-Ni-Nirenberg [20]**）　領域 $\Omega = B_R(0)$ 上の楕円型方程式

$$\Delta u + f(u) = 0$$

および $\partial\Omega$ 上ディリクレ境界条件 $u = 0$ をみたす正値解 $u \in C^2(\overline{\Omega})$ は球対称となる．つまり，$u(x) = u(|x|)$ となる．さらに $0 < r < R$ のとき $u_r < 0$ をみたす．

詳しくは，[20, 62] を参照してほしい．解は球対称になるので常微分方程式をみたすことがわかる．常微分方程式の解の分類から楕円型方程式の解を分類できる大変強力な定理である．

演習問題

5.1　$d_1 \neq d_2$ のとき，矩形でない領域では定理 5.15 が成り立たない例を構成

第5章 最大値の原理

せよ.

5.2 $\Omega = B_R$ とし,
$$\Delta u + u(1-u) = 0$$
および $\partial\Omega$ 上で $u = 0$ をみたす解が R が十分大きいときに存在することを示せ.

5.3 定理 5.16 を文献 [51] に従って証明せよ.

5.4 定理 5.25 は符号変化を伴う解では成り立たない. そのような例を構成せよ.

5.5
$$c > 0, \quad \gamma = \sqrt{\frac{c^2}{4} + k}$$
とすると, 関数
$$W(x) = 2e^{-\gamma L - c(x-L)/2} \cosh \gamma x$$
は, $D := [-L, L]$ 上で
$$-cW' - W'' + kW = 0$$
および $W(\pm L) \geq 1$ をみたしていることを示せ.

5.6 $\varphi(x - ct)$ を $\varphi(-\infty) = 1$, $\varphi(\infty) = 0$ をみたすアレン・カーン・南雲型方程式 (4.1) の速度 c の進行波解とする. $k = -f'(0)/2 > 0$ として W を前問のように定義する. $\varphi(x + L)$ と $W(x)$ を比較することで u が指数的に 0 に収束することを示せ.

5.7 補題 5.4 は角のある領域では成り立たない. そのような例を構成せよ.

# 第 6 章

進行波解の性質

第4章では，アレン・カーン・南雲型方程式の不安定平衡点と安定平衡点をつなぐ進行波解と2つの安定平衡点をつなぐ進行波解について取り上げた．アレン・カーン・南雲型方程式における進行波解の性質の中には，一般的な方程式においても成り立つものがある．これを見るために，単安定系と双安定系の進行波解に大別し，それぞれの進行波解の性質を解説していく．まず，フィッシャー・KPP 方程式に代表される単安定系の進行波解のもつ特徴について調べる．最小速度を決定する線形予測や，進行波解の速度が関数の形状から決まることなどを説明する．次に，双安定系の2つの安定平衡点をつなぐ進行波解の一意性や漸近安定性などの性質を説明していく．また，多次元空間上の進行波解に関する結果についても紹介する．

6.1 単安定系の進行波解

フィッシャー [17] やコルモゴロフ・ペトロフスキー・ピスクノフ [29] が取り扱ったフィッシャー・KPP 型方程式

$$u_t = u_{xx} + f(u) \tag{6.1}$$

を取り上げよう（第1.5節および第2.7節参照）．本節では，非線形項 f として

$$f(0) = 0, \quad f(1) = 0, \quad f'(0) > 0, \quad f(s) > 0 \quad (0 < s < 1) \tag{6.2}$$

を仮定する．さらに

$$f''(s) < 0 \qquad (0 < s < 1) \tag{6.3}$$

を仮定するときもある．(6.3) を仮定すると $0 < \varepsilon < 1$ に対して，

$$f(s) = f(s) - f(0) = \int_0^s f'(\eta)d\eta \leq f'(0)s \tag{6.4}$$

が成り立つ．対応する常微分方程式

$$u_t = f(u)$$

は，不安定平衡点 $u = 0$，安定平衡点 $u = 1$ をもつ単安定系になっている．

6.1.1 伝播速度

(6.1) の正値の進行波解 $u(x,t) = \phi(x - ct)$ を考えよう．遠方での条件は

$$\lim_{z \to -\infty} \phi(z) = 1, \qquad \lim_{z \to \infty} \phi(z) = 0$$

とする．$u(x,t) = \phi(z), z := x - ct$ を (6.1) に代入すると，

$$-c\phi' = \phi'' + f(\phi)$$

となる．単安定系の場合に使われる形式的な計算を使って，速度に関する情報を得よう．$\lambda < 0$ に対して

$$\phi(z) = e^{\lambda z}$$

とおくと，(6.4) がみたされる場合，$z \geq 0$ のとき $0 \leq e^{\lambda z} \leq 1$ なので，

$$\begin{aligned}
\mathcal{F}[\phi] &:= -c\phi' - \phi'' - f(\phi) \\
&= -c\lambda e^{\lambda z} - \lambda^2 e^{\lambda z} - f'(0)e^{\lambda z} + f'(0)e^{\lambda z} - f(e^{\lambda z}) \\
&\geq -\left(\lambda^2 + c\lambda + f'(0)\right)e^{\lambda z}
\end{aligned}$$

となる．実数 λ が

$$\lambda_\pm(c) := \frac{-c \pm \sqrt{c^2 - 4f'(0)}}{2}$$

のとき $\mathcal{F}[\phi] \geq 0$ となるので，注意 5.20 より $\min\{\phi, 1\}$ は優解となる．$c < 2\sqrt{f'(0)}$ のとき，ϕ は減衰振動する進行波解になってしまうので，単調な正値進行波解の最小速度は

$$c^* = 2\sqrt{f'(0)}$$

であることを示唆している．この方法による最小速度の予測は，非線形項を線形項で近似して得られるので，**線形予測 (linear determinacy)** と呼ばれる．以上の形式的な計算を第 4 章の手法を用いて証明することができる．

定理 6.1 (6.2) を仮定する．このとき，最小速度 c^* が存在して，c^* 以上の任意の速度 c をもつ (6.1) の単調な進行波解 $\phi(z)$ が存在する．さらに (6.3) をみたすとき $c^* = 2\sqrt{f'(0)}$ となる．また，$c > c^*$ のとき $z \to \infty$ で

$$\phi(z) = O(e^{\lambda_+ z})$$

と，$c = c^*$ のとき

$$\phi(z) = O(ze^{-\sqrt{f'(0)}z})$$

と減衰しながら 0 に収束する．

証明 第 4 章と同じように

$$\begin{pmatrix} \phi \\ \psi \end{pmatrix}' = \begin{pmatrix} \psi \\ -f(\phi) - c\psi \end{pmatrix} \tag{6.5}$$

に対して相平面法を用いて進行波解の存在を調べることができる．まず，(6.5) の $(0, 0)$ の周りでの線形化行列は

$$\begin{pmatrix} 0 & 1 \\ -f'(0) & -c \end{pmatrix}$$

であり，$\lambda_\pm(c)$ は固有値になっていることに注意しておく．(6.5) の平衡点 $(\phi, \psi) = (1, 0)$ は鞍状点なので，$(1, 0)$ から出て行く軌道（不安定多様体）は一意的に決まる．(6.2) を仮定すれば補題 4.7 が成り立つことが確かめられるので，定理の前半部分が示された．

次に (6.3) を仮定しよう．補題 4.8 において（不安定解 $u = 0$ の代わりに不安定解 $u = a$ が用いられているので）$a = 0$ を代入して (4.27) は

$$2\sqrt{f'(0)} \leq c^* \leq \inf_{\substack{g(0)=0,\, g'(0)>0,\\ g(u)>0\ (0<u\leq 1)}} \sup_{0<u<1}\left\{g'(u) + \frac{f(u)}{g(u)}\right\}$$

と置き換えられる．特に，$v = -g(u)$ であることに注意して $g(u) = \sqrt{f'(0)}u$ ととると

$$2\sqrt{f'(0)} \leq c^* \leq \sqrt{f'(0)} + \frac{1}{\sqrt{f'(0)}}\sup_{0<u<1}\frac{f(u)}{u} \tag{6.6}$$

と評価でき，(6.4) より (6.6) の不等式の両側が $2\sqrt{f'(0)}$ となるので，最小速度 c^* は $2\sqrt{f'(0)}$ と得られる．さらに，上の計算は $c > c^*$ のとき，$(1, 0)$ から出てきた軌道が領域

$$D := \{(\phi, \psi) \mid 0 \leq \phi \leq 1,\ -\sqrt{f'(0)}\phi \leq \psi \leq 0\}$$

から出ないので $(0, 0)$ に収束することを意味している．また，

$$(\lambda^2 + c\lambda + f(0))|_{\lambda=-\sqrt{f'(0)}} = \left(2\sqrt{f'(0)} - c\right)\sqrt{f'(0)} \leq 0$$

から

$$\lambda_- \leq -\sqrt{f'(0)} \leq \lambda_+ < 0$$

がわかるので，十分小さなベクトル $(\phi, \psi) = (\phi\ \lambda_-(c)\phi)$ はこの領域に入っていない．したがって，進行波解の軌道は $(0, 0)$ に収束するとき，${}^t(1, \lambda_+(c))$ に接する $(0, 0)$ の不変多様体であることがわかる．これは進行波解が $C_1 e^{\lambda_+ z}$ で減衰することを意味している（補題 4.10 参照）．

次に $c = c^*$ のときを考えよう．このとき固有値は $\lambda_+(c^*) = \lambda_-(c^*) = -\sqrt{f'(0)}$ と重根になっている．固有値 $-\sqrt{f'(0)}$ に対する固有ベクトルは

$e_1 := {}^t(1, -\sqrt{f'(0)})$, 一般化された固有ベクトルは $e_2 := {}^t(0, 1)$ となっているので, e_2 に沿った軌道は先の領域 D に入らない (図 4.5 参照). 進行波解の軌道は $(0,0)$ の近くでは固有ベクトル e_1 に沿った軌道となるので, $C_2 z e^{-\sqrt{f'(0)}z}$ で減衰することがわかる. □

注意 6.2 定理 6.1 は (6.3) が成り立つ単安定系では線形予測が正しいことを意味している. 第 4 章で取り扱ったアレン・カーン・南雲型方程式の不安定平衡点 a と安定平衡点 1 をつなぐ進行波解には, 単調減少な進行波解と振動もしないが単調でもない進行波解が同時に存在する場合があった. このとき, 図 4.6 からもわかるように単調減少な進行波解の最小速度と単調減少でない進行波解の最小速度 (線形予測の最小速度) が一致しない例となっている.

定理 6.3 (Kolmogorov-Petrovsky-Piskunov [29]) $f(u) = u(1-u)$ のとき初期値 $u(x,0) = H(-x)$ をもつ (6.1) の解を $u(x,t)$ とすると, 最小速度 c^* の進行波解 ϕ および $t \to \infty$ で $\eta'(t) \to 0$ となる関数 η が存在して

$$\lim_{t \to \infty} |u(x,t) - \phi(x - c^* t - \eta(t))| = 0$$

をみたす.

この証明で重要な役割を果たすのが, 演習問題 6.2 にある変数変換である. 証明は省略するので, [29] を参照してほしい. なお, η の挙動については, [49, 5] を参照してほしい.

6.1.2 多次元の場合

ここでは, N 次元空間上の単安定系

$$u_t = \Delta u + f(u) \tag{6.7}$$

を考えよう.

定理 6.4 (**Aronson-Weinberger [2]**) 初期値 $u_0(x)$ が，コンパクトなサポートをもち，$[0,1]$ に値をもって恒等的に 0 でない関数とする．つまり，

$$0 \leq u_0(x) \leq 1, \quad x \in \mathbb{R}^N,$$
$$u_0(x) = 0, \quad |x| > r_0 > 0$$

としよう．このとき，$0 < c_2 < c^* < c_1$ なる任意の c_1, c_2 と $y \in \mathbb{R}^n$ に対して

$$\lim_{t \to \infty} \max_{|\zeta - y| \geq c_1 t} u(\zeta, t) = 0, \tag{6.8}$$

$$\lim_{t \to \infty} \min_{|\zeta - y| \leq c_2 t} u(\zeta, t) = 1 \tag{6.9}$$

が成り立つ．

証明 まず，任意の $\eta \in (0,1]$ に対して

$$v_0(x) = \begin{cases} \eta > 0, & |x| \leq r_1, \\ \Phi(|x| - r_1), & r_1 \leq |x| \leq r_0, \\ 0, & |x| \geq r_0 \end{cases}$$

を初期値にとり，(6.9) を示そう．ここで，Φ は $c < c^*$ として

$$\Phi'' + c\Phi' + f(\Phi) = 0, \ \Phi' < 0,$$
$$\Phi(0) = \eta, \ \Phi'(0) = 0, \ \Phi(r_0 - r_1) = 0$$

をみたす関数である．相平面法からこのような関数 Φ と $r_0 - r_1$ の存在がわかる（第 4 章参照）．$r_0 > r_1 > 0$ ととっておく．この関数 $v_0(x)$ に単調に収束する関数列 $\varphi_j \in C_0^\infty$ をとる．つまり，$j \to \infty$ のとき，

$$\varphi_j(x) \searrow v_0(x)$$

となるようにとっておく．φ_j を初期値とする解 $v_j(x,t) := u(x,t;\varphi_j)$ は $j \to \infty$ のとき $u(x,t) := u(x,t;v_0)$ に単調減少して収束する．$W(x,t) =$

$v_0(|x| - c_1 t)$ とおくと

$$W_t - \Delta W - f(W) = \begin{cases} -f(\eta), & |x| < r_1 + c_1 t, \\ \left(c - c_1 - \dfrac{N-1}{r}\right)\Phi', & r_1 + c_1 t < |x| < r_0 + c_1 t, \\ 0, & r_0 + c_1 t < |x| \end{cases}$$

となる. $0 < c_1 < c - (N-1)/r_1$ のとき, $|x| \neq r_1 + c_1 t, r_0 + c_1 t$ に対して,

$$W_t - \Delta W - f(W) \leq 0$$

が得られる. $\Phi'(0) = 0$ より, W は $|x| \leq r_0 + c_1 t$ で C^1 級となっている. $w_j := v_j - W$ は, $C(\mathbb{R}^N \times [0, \infty))$ に属し, $|x| \leq r_0$ では

$$w_j(x, 0) = \varphi_j(|x|) - v_0(|x|) > 0$$

をみたしている. また, $|x| < r_0 + c_1 t$ ($|x| \neq r_1 + c_1 t$) のとき,

$$w_{j,t} - \Delta w_j - \int_0^1 f'(\theta v_j + (1-\theta)W) d\theta \, w_j \geq 0$$

が成り立っている.

$\mathbb{R}^N \times \mathbb{R}^+$ で $w_j \geq 0$ となることを示そう. $|x| \geq r_0 + c_1 t$ では, $W = 0$ なので, $w_j = v_j > 0$ となる. 時刻 $t_0 > 0$ ではじめて $w_j(x, t) = 0$ となる $(x, t) = (x_0, t_0)$ が存在するとしよう. $0 \leq t < t_0$ のとき $|x| < r_0 + c_1 t$ で $w_j > 0$ となり, $w_j(x_0, t_0) = 0$ をみたす. すると, 強最大値の原理より $|x_0| = r_1 + c_1 t_0$ がわかり, 領域 $|x| < r_1 + c_1 t$ でホップの補題を用いると

$$\frac{\partial w_j}{\partial r}(r_1 + c_1 t, t) < 0$$

が得られる. ここで w_j は回転対称なので, (r, t) の関数ともみなしていることに注意しておく. 次に円環領域 $r_1 + c_1 t < |x| < r_0 + c_1 t$ でホップの補題を用いると

$$\frac{\partial w_j}{\partial r}(r_1 + c_1 t, t) > 0$$

となり，v_j は C^1 級なので上の 2 つの不等式は矛盾する．こうして $\mathbb{R}^N \times \mathbb{R}^+$ で $v_j \geq W$ が示された．

$v_j(x,h) \geq W(x,h) \geq W(x,0)$ において極限 $j \to \infty$ をとることにより $u(x,t+h) \geq u(x,t)$ が得られ，t について単調増加であることが従う．u は単調増加かつ上に有界なので，$t \to \infty$ で収束する．極限関数を

$$\tau(x) := \lim_{t \to \infty} u(x,t)$$

とおくと，$W(x,t) \leq u(x,t) \leq \tau(x)$ となっている．W の定義に注意すると $t \to \infty$ とすることで任意の x について $\eta \leq \tau(x)$ が得られる．

$$z_t = f(z), \quad z(0) = \eta$$

の解を $z(t)$ とすると，

$$\lim_{t \to \infty} z(t) = 1$$

となっている．$z(t) \leq \tau(x) \leq 1$ なので，$\tau(x) \equiv 1$ が得られる．つまり，$u(x,t;v_0)$ は 1 に収束し，(6.9) が成り立つことがつかる．

次に，仮定にある初期値 $u_0(x)$ に対しては，η を十分小さくして適当に平行移動すれば，

$$u_0(x) \geq v_0(x - x_0)$$

が成り立つようにできる．したがって，

$$\lim_{t \to \infty} \min_{|\zeta - y - x_0| < ct} u(\zeta,t;u_0) = 1$$

が得られ，(6.9) が従う．

最後に (6.8) を示そう．$c > c^*$ とすると

$$\Psi'' + c\Psi' + f(\Psi) = 0, \; \Psi(0) = 1, \; \lim_{x \to \infty} \Psi(x) = 0, \; \Psi' < 0$$

および $x \to \infty$ のとき

$$\Psi = O(e^{\lambda_-(c)x})$$

6.1 単安定系の進行波解

をみたす関数 $\Psi = \Psi^c$ が存在することが相平面法からわかる（補題 4.10 参照）.

$$v_0^c(\xi) = \begin{cases} 1, & \xi \leq r_0, \\ \Psi^c(\xi - r_0), & r_0 \leq \xi \end{cases}$$

とし,

$$v_t = v_{\xi\xi} + cv_\xi + f(v), \quad (\xi, t) \in \mathbb{R} \times \mathbb{R}, \tag{6.10}$$
$$v(\xi, 0) = v_0^c(\xi), \quad \xi \in \mathbb{R}$$

の解を $v^c(\xi, t)$ とする. このとき, v_0^c は (6.10) の 2 つの解の小さい方をとっているので, 優解となる. 優解を初期値とする解 v は t について単調減少となる. $v \geq 0$ なので極限関数

$$\lim_{t \to \infty} v^c(\xi, t) = \tau^c(\xi)$$

が存在する. 特に,

$$\Psi^c(\xi - r_0) \geq \tau^c(\xi) \tag{6.11}$$

が成り立ち,

$$\lim_{\xi \to \infty} \tau^c(\xi) = 0$$

がわかる. また, $0 \leq \tau^c(\xi) \leq 1$ も成り立っている. $\tau^c \not\equiv 0$ とすると, τ^c は

$$\Phi'' + c\Phi' + f(\Phi) = 0, \quad \lim_{\xi \to \infty} \Phi(\xi) = 0, \quad \lim_{\xi \to -\infty} \Phi(\xi) = 1$$

の解となる. 定理 6.1 で見たように, $c > c^*$ の場合は, $\xi \to \infty$ のとき $\tau^c(\xi)$ は $C_1 e^{\lambda_+(c)\xi}$ と振る舞う. しかし, $\Psi^c(\xi - r_0)$ は定義から $C_2 e^{\lambda_-(c)(\xi-r_0)}$ で減衰しながら 0 に収束するので, (6.11) に矛盾する. こうして $\tau^c \equiv 0$, つまり,

$$\lim_{t \to \infty} v(\xi, t) = 0$$

が得られる.

上で調べた 1 次元空間上での解を平面的に拡張した平面波解と多次元空間上の解を比較しよう．まず，$v(\xi+h,t)-v(\xi,t)$ を考えることにより，v は ξ について単調非増大であることがわかる．任意の $\nu \in S^{N-1}$ に対して平面波解 $w(x,t) = v(x\cdot\nu-ct,t)$ とおくと，(6.7) をみたすことが確認できる．また，
$$w(x,0) = v(x\cdot\nu,0) = v_0^c(x\cdot\nu) \geq v_0^c(|x|) \geq u_0(x)$$
は任意の $\nu \in S^{N-1}$ について成り立つので，
$$u(x,t;u_0) \leq v(|x|-ct,t)$$
が得られる．これより，
$$\max_{|\zeta-y|\geq ct} u(\zeta,t;u_0) \leq \max_{|\zeta-y|\geq ct} v(|\zeta|-ct,t) \leq v(-|y|,t)$$
となり，$t\to\infty$ とすることにより，(6.8) が得られる．□

注意 6.5 双安定の場合には
$$\liminf_{t\to\infty} u(x,t) > \alpha$$
を仮定すれば，c^* を 1 次元進行波解の速度に置き換えることで，定理 6.4 が成り立つ．定理 6.4 は空間に関して $1/t$ に縮尺を変えると等高面（波面）の位置が半径 c^* の円になることを意味している．それでは，縮尺を変えなければどうなるのだろうか？ それでも本当に円に近づくのだろうか？ という疑問が自然に考えられる．まず，等高面（波面）が半径 c^*t の円に近づくとすると曲率 $1/(c^*t)$ 分の影響を受けるので，$O(\log t)$ 程度ずれるはずである（第 7 章参照）．$\log t$ 程度のずれは，定理 6.4 の評価では見えてこない．初期値の波面が円からずれている場合，そのずれは時間が経っても残りうることが，[54] によって示されている．

6.2 双安定系の進行波解

第 6.1 節で取り扱った単安定な場合には，最小速度が存在し，それ以上の速度に対して進行波解が存在した．第 4 章で見たようにアレン・カーン・南

雲型方程式の進行波解は平行移動を除いて一意的に決定される．拡散を除いた常微分方程式

$$u_t = f(u)$$

は，0と1を安定な平衡点とする双安定系になっている．このような非線形項 f に，さらに (5.14) を仮定する．この節では，主に双安定系

$$u_t = u_{xx} + f(u) \tag{6.12}$$

を取り扱う手法を説明していく．1次元空間上のアレン・カーン・南雲型方程式を中心に説明しているが，多次元空間や比較原理の成り立つ系などへの拡張可能な手法となっている．

6.2.1 漸近安定性

(6.12) の 2 つの安定平衡点 0 と 1 をつなぐ単調増加な進行波解 $\Phi(x-ct)$ の存在を仮定しよう．つまり，

$$-c\Phi' - \Phi'' - f(\Phi) = 0, \quad \Phi(-\infty) = 0, \quad \Phi(\infty) = 1, \quad \Phi' > 0 \tag{6.13}$$

をみたすと仮定しよう．ここでは，補題 5.23 を用いて進行波解の一意性や漸近安定性を示す．

補題 6.6 (一意性)　(6.13) の解は，$(\Phi(\cdot + \xi), c)$ に限る．

証明　Φ 以外に別の進行波解 Ψ が存在したとしよう．$(\Phi, c), (\Psi, \tilde{c})$ が (6.13) をみたすとする．

十分小さな正数 δ と大きな正数 ξ_1, ξ_2 をとると，

$$\Phi(z - \xi_1) - \delta \leq \Psi(z) \leq \Phi(z + \xi_2) + \delta$$

とできる．これに補題 5.23 を用いると，

$$\Phi(x - ct - \xi_1 - \sigma\delta(1 - e^{-\beta t})) - \delta e^{-\beta t} \leq \Psi(x - \tilde{c}t)$$
$$\leq \Phi(x - ct + \xi_2 + \sigma\delta(1 - e^{-\beta t})) + \delta e^{-\beta t}$$

となる.こうして,$z = x - \tilde{c}t$ とおいて $t \to \infty$ とすると,$\tilde{c} = c$ が従う.
$\tilde{c} = c$ とする.$z = x - ct$ とおいて,$t \to \infty$ と極限をとると,

$$\Phi(z - \xi_1 - \sigma\delta) \leq \Psi(z) \leq \Phi(z + \xi_2 + \sigma\delta)$$

が得られる.これより,

$$\xi^* := \inf\{\xi \ : \ \Psi(z) \leq \Phi(z + \xi) \quad (z \in \mathbb{R})\},$$
$$\xi_* := \sup\{\xi \ : \ \Psi(z) \geq \Phi(z + \xi) \quad (z \in \mathbb{R})\}$$

が等しいこと,つまり,$\xi_* = \xi^*$ を示せば一意性が示される.

$\xi_* < \xi^*$ と仮定しよう.

$$\lim_{|\xi| \to \infty} \Phi'(\xi) = 0$$

なので,ある正数 M が存在して,$|\xi| \geq M$ のとき

$$2\sigma\Phi'(\xi) \leq 1 \tag{6.14}$$

とできる.$\xi_* < \xi^*$ なので,$\Psi(z) \not\equiv \Phi(z + \xi^*)$ である.また,

$$\Psi(z) \leq \Phi(z + \xi^*)$$

なので,強最大値の原理より十分小さな正数 $h \ (< 1/(2\sigma))$ が存在し,

$$\Psi(z) < \Phi(z + \xi^* - 2\sigma h), \qquad |z - \xi^*| \leq M + 1$$

とできる.$|z + \xi^*| \geq M + 1$ では,

$$\begin{aligned}\Phi(z + \xi^* - 2\sigma h) - \Psi(z) &\geq \Phi(z + \xi^* - 2\sigma h) - \Phi(z + \xi^*) \\ &= \int_0^1 \Phi'(z + \xi^* - 2\theta\sigma h)d\theta \cdot (-2\sigma h) \\ &\geq -h\end{aligned}$$

なので,

$$\Psi(z) < \Phi(z + \xi^* - 2\sigma h) + h, \qquad z \in \mathbb{R}$$

が従う．これに補題 5.23 をもう一度用いると
$$\Psi(z) < \Phi(z + \xi^* - 2\sigma h + \sigma h(1 - e^{-\beta t})) + he^{-\beta t}$$
となり，$t \to \infty$ とすることにより
$$\Psi(z) < \Phi(z + \xi^* - \sigma h)$$
が得られる．これは，ξ^* の定義に矛盾する．つまり，$\xi_* = \xi^*$ が示され，一意性が得られる． □

この証明と同様にして漸近安定性を示すこともできる．

補題 6.7 （漸近安定性） もし
$$\Phi(x) - \delta \leq u(x, \tau) \leq \Phi(x + h) + \delta$$
をみたすような定数 $\delta \in (0, \delta_1], h \in (0, 1)$ が存在するならば，任意の $x \in \mathbb{R}, t \geq 1$ に対して
$$\Phi(x - ct + \hat{\xi}(t)) - \hat{\delta}(t) \leq u(x, t) \leq \Phi(x - ct + \hat{\xi}(t) + \hat{h}(t)) + \hat{\delta}(t)$$
が成り立つような $\hat{\xi}(t) \in [-\sigma h, h + \sigma\delta], \hat{\delta}(t) \in (0, e^{-\beta(t-1)}(\delta + \varepsilon_0 h)], \hat{h}(t) \in (0, (1 - \sigma\varepsilon_0)h + 2\sigma\delta]$ が存在する．

証明 補題 5.23 より
$$\Phi(x - ct - \sigma\delta(1 - e^{-\beta t})) - \delta e^{-\beta t} \leq u(x, t)$$
$$\leq \Phi(x - ct + h + \sigma\delta(1 - e^{-\beta t})) + \delta e^{-\beta t}$$
が成り立つ．
$$\varepsilon_1 = \frac{1}{2} \min_{0 \leq z \leq 2} \Phi'(z)$$
ととると，
$$\int_0^1 \Big(\Phi(y + h) - \Phi(y)\Big) dy \geq 2\varepsilon_1 h$$
が成り立つ．すると

(i) $\displaystyle\int_0^1 \bigl(u(y,0) - \Phi(y)\bigr)dy \geq \varepsilon_1 h,$

(ii) $\displaystyle\int_0^1 \bigl(\Phi(y+h) - u(y,0)\bigr)dy \geq \varepsilon_1 h$

のいずれかが成り立つことになる．(ii) の場合も同様に取り扱えるので (i) の場合だけ説明しよう．

$$w(x,t) := u(x,t) - \Bigl(\Phi(x - ct - \sigma\delta(1 - e^{-\beta t})) - \delta e^{-\beta t}\Bigr)$$

とおくと，補題 5.23 および平均値の定理より，

$$w_t - w_{xx} \geq f(u) - f(\Phi(x - ct - \sigma\delta(1 - e^{-\beta t})) - \delta e^{-\beta t}) = f'(\theta)w$$

となる関数 θ がとれる．最大値の原理より $w \geq 0$ なので，$\gamma = \max|f'|$ とすると，

$$w_t - w_{xx} \geq -\gamma w$$

となる．基本解を用いて

$$w(x,t) \geq \int_{-\infty}^{\infty} \frac{e^{-|x-y|^2/(4t) - \gamma t}}{\sqrt{4\pi t}} w(y,0)dy$$

と評価できる．(6.14) をみたすように M をとっておく．$t = 1$ を代入すると，$|x| \leq R_0 := M + |c| + 1$ のとき

$$u(x,1) - \Bigl(\Phi(x - \xi_1) - \delta e^{-\beta}\Bigr) \geq \eta \int_0^1 \bigl(u(y,0) - \Phi(y) + \delta\bigr)dy$$

が成り立つような正定数 $\eta = \eta(R_0)$ がとれる．ここで

$$\xi_1 := c + \sigma\delta(1 - e^{-\beta})$$

とおいた．したがって，(i) を用いると $|x| \leq R_0$ のとき

$$u(x,1) - \Bigl(\Phi(x - \xi_1) - \delta e^{-\beta}\Bigr) \geq \eta \varepsilon_1 h \tag{6.15}$$

が成り立つ.

$$\varepsilon_0 := \min\left\{\frac{\delta_1}{2}, \frac{1}{2\sigma}, \min_{|z|\leq M+2|c|+2+\sigma\delta_1} \frac{\eta\varepsilon_1}{2\sigma\Phi'(z)}\right\}$$

として平均値の定理より

$$\Phi(x-\xi_1+2\sigma\varepsilon_0 h) - \Phi(x-\xi_1) = \Phi'(z)2\sigma\varepsilon_0 h \leq \eta\varepsilon_1 h \tag{6.16}$$

が $|x|\leq R_0$ で成り立ち, (6.15), (6.16) を合わせると

$$u(x,1) \geq \Phi(x-\xi_1+2\sigma\varepsilon_0 h) - \delta e^{-\beta}$$

が得られる. 一方, $|x|\geq R_0$ では, M の取り方から

$$\Phi(x-\xi_1) \geq \Phi(x-\xi_1+2\sigma\varepsilon_0 h) - \varepsilon_0 h$$

となる. 以上を合わせると $\mathbb{R}$ 上で

$$u(x,1) \geq \Phi(x-\xi_1+2\sigma\varepsilon_0 h) - (\delta e^{-\beta} + \varepsilon_0 h)$$

が得られる. これに補題 5.23 を再度用いることにより

$$u(x,1+s) \geq \Phi(x-cs-\xi_1+2\sigma\varepsilon_0 h - \sigma(\delta e^{-\beta}+\varepsilon_0 h)(1-e^{-\beta s}))$$
$$-(\delta e^{-\beta}+\varepsilon_0 h)e^{-\beta s}$$

が成り立つことがわかる.

$$t = 1+s,\ \hat{\xi}(t) = \sigma\varepsilon_0 h - \sigma\delta,\ \hat{\delta}(t) = e^{-\beta(t-1)}(\delta+\varepsilon_0 h)$$

とおくと,

$$\hat{h}(t) = \sigma\delta(1-e^{-\beta t}) - \xi(t) = h - \sigma\varepsilon_0 h + \sigma\delta(2-e^{-\beta t})$$

ととればよいことがわかり, 補題が得られる. □

この補題において，$\varepsilon_0 h > 2\delta$ ととれば，h の動く範囲がだんだんと小さくできるので，漸近安定性を示すことができる．つまり，適当な ξ_0 が存在して，

$$\lim_{t \to \infty} \sup_{y \in \mathbb{R}} |u(x,t) - \Phi(x - ct + \xi_\mathrm{C})| = 0$$

を示すことができる．また，この方法を用いて，大域的な漸近安定性も示すことができる ([7] 参照)．

6.2.2　多次元進行波解

これまで 1 次元空間上での進行波解について考察してきたが，ここでは 2 次元以上の空間における進行波解について考えよう．$N \geq 2$ として $\mathbb{R}^N$ 上のアレン・カーン・南雲型方程式

$$u_t = \Delta u + f(u) \tag{6.17}$$

を考える．方程式 (6.17) は，正の速度 k をもつ 1 次元の進行波解 Φ が存在すると仮定する．つまり，Φ と $k > 0$ は (6.13) に対応する

$$-k\Phi' = \Phi'' + f(\Phi) = 0, \quad \Phi(-\infty) = 0, \quad \Phi(\infty) = 1, \quad \Phi' > 0$$

をみたすとする．

必要なら適当に回転することにより，多次元進行波解の進行方向は x_N 軸として一般性を失わない．$y = x_N$ と x_N 以外の成分 $x \in \mathbb{R}^{N-1}$ とに分けて，$v(x, y - ct)$ という形で与えられる進行波解を探そう．$z = y - ct$ および $\mathbb{R}^{N-1}$ 上のラプラス作用素（ラプラシアン）

$$\Delta' := \sum_{j=1}^{N-1} \frac{\partial^2}{\partial x_j^2}$$

を用いると，進行波解は楕円型方程式

$$-cv_z = \Delta' v + v_{zz} + f(v) \tag{6.18}$$

6.2 双安定系の進行波解

の解となる．遠方での条件は

$$\lim_{z \to \infty} v(x,z) = 1, \quad \lim_{z \to -\infty} v(x,z) = 0 \tag{6.19}$$

である．1次元の解 $\Phi(z)$ は，(6.18) と (6.19) をみたす解であり，その等高線が超平面になっていることから，平面波解と呼ばれる．$\Phi((x,y) \cdot \mathbf{n} - kt)$ は，$\mathbf{n}$ 方向に進む平面波解となっている．

ここでは，平面波解以外の進行波解 v と c の存在およびその性質について考えていこう．簡単のため2次元平面 $(x,y) \in \mathbb{R}^2$ で考えよう．図 6.1 (a) のように，右下側と左下側から単位法線ベクトル $\mathbf{n}_i$ 方向に進む2つの平面波 $\Phi((x,y) \cdot \mathbf{n}_i - kt)$ $(i = 1, 2)$ が角度 2α でぶつかる状況を考える．各々の平面波解は，その法線方向に速度 k で移動するので，y 軸方向には速度 $c = k/\sin\alpha$ で移動することに注意しよう．2つの平面波のぶつかる近辺では拡散効果などの相互作用により変形するだろうが，遠方では，平面波解のように運動すると期待できるので，y 方向に一定速度 k で移動すると思われ，図 6.1 (b) のような V 字型進行波解が現れることが予想される（図 6.2 参照）．より正確には，関数

$$v^+(x,y) := \min\{\Phi((x,y) \cdot \mathbf{n}_1 - kt), \Phi((x,y) \cdot \mathbf{n}_2 - kt)\}$$

は，2つの平面進行波解の小さい方なので優解になる．この優解を出発する

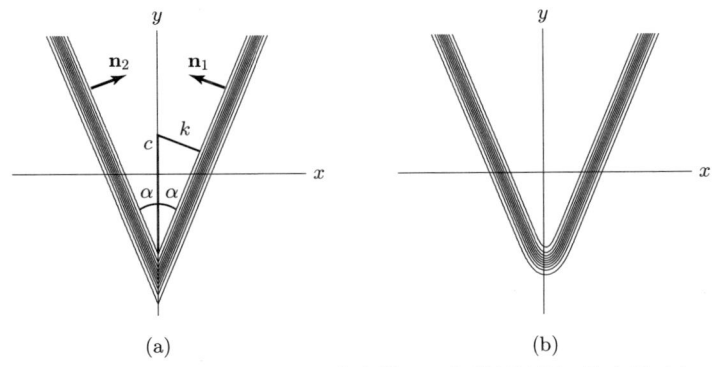

図 **6.1** 2次元空間上の v^+ の等高線 (a) と進行波解の等高線 (b)

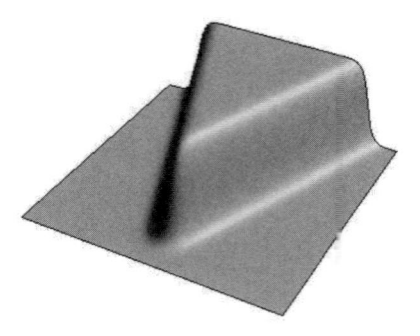

図 6.2 2次元空間上の進行波解の形状

解は，速度 c の進行波解に収束することを示すことができる [36, 37].

定理 6.8 [36]　$N \geq 2$ のとき，任意の速度 $c > k$ に対して，(6.18),(6.19) の解 $v(x, z)$ が存在する．

まず，1次元進行波解の存在を仮定していることに注意しておく．次に，$u = 0$ と $u = 1$ を結ぶ空間1次元の双安定系の進行波解の速度は一意に決まったが，上の結果からわかるように，多次元空間では，V字型の角度に対応して k より大きい任意の速度をもつ進行波解が存在することに注意しよう．

$N = 2$ のときは，[22, 23, 36, 37] において定理6.8で得られているV字型進行波解の存在が示されている．$N \geq 3$ の場合，進行方向の軸を中心に回転対称な進行波解 [22, 23] や角錐状進行波解 [46, 30] などの構成も可能である．

この角度 α によってその進行波の形状にどう変化するのかは興味深い問題である．$\alpha < \pi/2$ では，上で見たように速度 c の進行波解になる．$\alpha = \pi/2$ では等高面はフラットになり1次元の進行波解に帰着される．$\alpha > \pi/2$ になると，曲率は速度を抑える方向に働くため等高面はどんどん平らになり，等高線は，自己相似的に拡大する円弧のように振る舞う．文献 [10, 24] なども参照してほしい．

空間が2次元の場合について証明の概要を述べよう．$z = y - ct$ とおいて，作用素

$$\mathcal{F}[v] := -v_{xx} - v_{zz} - cv_z - f(v) = 0$$

を導入すると，進行波解 v_* は，$\mathcal{F}v_* = 0$ をみたす．

$m_* = \sqrt{c^2-k^2}/k$ とし，φ を $y = m_*|x|$ に指数的に漸近する凸関数とするとき，

$$v^-(x, z; \varepsilon, \alpha) := \Phi\left(\frac{z - \varphi(\alpha x)/\alpha}{\sqrt{1 + \varphi'(\alpha x)^2}}\right) - \varepsilon \operatorname{sech}(\gamma \alpha x)$$

が劣解となるように α, γ を適当に選ぶことができる．これから進行波解 v_* の存在が従う．詳しい証明は [36] を参照してほしい．また，この方法を用いると以下の大域的漸近安定性も示すことができる．

定理 6.9 [37] 初期値 $u_0(x, y)$ は

$$\lim_{R \to \infty} \sup_{x^2+y^2 > R^2} |u_0(x,y) - v^+(x,y)| = 0 \tag{6.20}$$

をみたすと仮定すると，u_0 を初期値とする (5.15) の解 $u(x, y, t; u_0)$ は，

$$\lim_{t \to \infty} \sup_{(x,y) \in \mathbb{R}^2} |u(x, y, t; u_0) - v_*(x, y - ct)| = 0$$

となる．

自然界ではさまざまな進行波解が観察されている．こうした形状をもった進行波解や全域解の構成がこれから重要なテーマになってくると思われる．最近の関連する興味深い研究として [9, 46, 30] を文献として挙げておく．

6.2.3 補筆：進行波解のまわりの線形化作用素のスペクトル

双安定な状況では，単独方程式でなくても成り立つ性質をもつことが多い．その一つがスペクトルに関する性質である．一般的な設定でも使えるようにヘンリー (Henry) の著書 [26] の第 5 章に基づいて進行波解の安定性に関して説明していく．進行波解のみたす方程式は，1 階の常微分方程式系の解に書き直すことができ，その線形化方程式は，1 階線形常微分方程式となる．この節では，この線形作用素のスペクトルについて説明する．

L が X から X への線形作用素として，$\lambda - L$ の逆が存在しないとき，λ は L の**点スペクトル**（固有値）といい，その全体を $\sigma_p(L)$ で表す．$(\lambda - L)^{-1}$ は存在するが，その定義域が稠密でないとき，λ に L の**剰余スペクトル**といい，$\sigma_r(L)$ で表す．また，$(\lambda - L)^{-1}$ は存在して，その定義域が稠密であるが，$(\lambda - L)^{-1}$ が連続でないとき，λ は L の**連続スペクトル**といい，$\sigma_c(L)$ で表す．このいずれかに属する λ を**スペクトル**といい，$\sigma(L)$ で表す．この補集合を**レゾルベント集合**といい，$\rho(L)$ で表す．また，この元をレゾルベントという．さらに，剰余スペクトル，連続スペクトルと重複度有限でない固有値を**本質的スペクトル**といい，$\sigma_e(L)$ で表す．

補題 6.10 $m \times m$ 実行列 $A_\pm$ は虚軸上に固有値をもたないとし，

$$A(x) := \begin{cases} A_+, & x \geq 0, \\ A_-, & x < 0 \end{cases}$$

とおく．また，$E_\pm$ を $A_\pm$ の実部正の固有値に対応する固有空間への射影とする．このとき，有界な可測関数 f に対して，$v \in \mathbb{R}^m$ を未知変数とする $\mathbb{R}$ 上の微分方程式

$$\frac{dv}{dt} + A(x)v = f(x)$$

の有界な解が一意的であることと $R(E_+)$ と $R(I - E_-)$ が $\mathbb{C}^m$ を張ることは同値である．また，このとき，A にのみ依存する定数 $C = C(A)$ が存在して，

$$\|v\|_{L^p(\mathbb{R})} \leq C \|f\|_{L^p(\mathbb{R})}$$

が成り立つ．

証明 条件から $x \geq 0$ のとき

$$|e^{-A_+ x} E_+| \leq M e^{-\alpha x},$$
$$|e^{A_+ x}(I - E_+)| \leq M e^{-\alpha |x|}$$

となる正数 M, α がとれる．解は，定数変化法より

$$v(x) = \begin{cases} e^{-A_+ x}v(0) + \int_0^x e^{-A_+(x-y)}f(y)dy, & x \geq 0, \\ e^{-A_- x}v(0) + \int_0^x e^{-A_-(x-y)}f(y)dy, & x < 0 \end{cases}$$

と計算できる．もし解が有界なら

$$\lim_{x \to \infty} e^{A_+ x}(I - E_+)v(x) = 0$$

なので，

$$(I - E_+)v(0) = -\int_0^\infty e^{A_+ y}(I - E_+)f(y)dy$$

が得られ，$x \geq 0$ で有界な解は，

$$v(x) = e^{-A_+ x}E_+ v(0) + \int_0^x e^{-A_+(x-y)}E_+ f(y)dy$$
$$- \int_x^\infty e^{-A_+(x-y)}(I - E_+)f(y)dy \qquad (6.21)$$

となる．同様に

$$E_- v(0) = \int_{-\infty}^0 e^{A_- y}E_- f(y)dy$$

が得られ，$x \leq 0$ で有界な解は，

$$v(x) = e^{-A_- x}(I - E_-)v(0) - \int_x^0 e^{-A_-(x-y)}(I - E_-)f(y)dy$$
$$+ \int_{-\infty}^x e^{-A_-(x-y)}E_- f(y)dy \qquad (6.22)$$

と表現される．(6.21) と (6.22) より，有界な解が存在することは，

$$E_+ v(0) - \int_0^\infty e^{-A_+(x-y)}(I - E_+)f(y)dy$$

$$= (I - E_-)v(0) + \int_{-\infty}^{0} e^{-A_-(x-y)} E_- f(y) dy \quad (6.23)$$

となる $v(0)$ が存在することと同値である.

$$R(I - E_+) + R(E_-) \subset R(E_+) + R(I - E_-)$$

つまり,

$$\mathbb{C}^m = R(E_+) + R(I - E_-)$$

が必要十分であり,一意的であるためには, $R(E_+) \cap R(I - E_-) = \{0\}$ が必要十分である.

有界な解が一意的に存在するとしよう.すると, $x \geq 0$ のとき,(6.21) より

$$\|v\|_{L^p(0,\infty)} \leq M(\alpha p)^{-1/p} |E_+ v(0)| + 2M\alpha^{-1} \|f\|_{L^p(0,\infty)}$$

と評価できる. $x < 0$ についても同様に計算できるので, $R(E_+) \cap R(I - E_-) = \{0\}$ および (6.23) を合わせると補題の不等式が得られる. □

次に,行列 $A_\pm(\lambda)$ がパラメータ $\lambda \in \mathbb{C}$ について解析的として,

$$A(x, \lambda) := \begin{cases} A_+(\lambda), & x \geq 0, \\ A_-(\lambda), & x < 0 \end{cases}$$

とし, X を $L^p(\mathbb{R})$ $(1 \leq p < \infty)$, $C^0(\mathbb{R})$ あるいは $C^0_{\mathrm{unif}}(\mathbb{R})$ とし, X 上稠密に定義された閉作用素

$$L(\lambda)v := \frac{dv}{dx} + A(\cdot, \lambda)v$$

を考えよう.

$$S_\pm := \{\lambda \in \mathbb{C} \mid A_\pm(\lambda) \text{ が虚軸上に固有値をもつ}\}$$

とおく. G が $\mathbb{C} \backslash (S_+ \cup S_-)$ の連結開集合とするとき, $E_\pm(\lambda)$ を補題 6.10 のように定義すると, $\lambda \in G$ に対して解析的となる.補題 6.10 から, $0 \in \rho(L(\lambda))$

と $\mathbb{C}^m = R(E_+(\lambda)) \oplus R(I - E_-(\lambda))$ は同値になる．$R(E_+(\lambda))$ が m 次元，$R(I - E_-(\lambda))$ が $n - m$ 次元とし，それぞれの基底を λ について（局所的に）解析的になるように $p_j(\lambda)$ $(j = 1, \ldots, m)$ および $q_j(\lambda)$ $(j = m + 1, \ldots, n)$ と選ぶことにより，

$$\det(p_1, \ldots, p_m, q_{m+1}, \ldots, q_n) \not\equiv 0$$

と同値となる．上式の左辺は，解析性より無限個の λ で 0 になれば，恒等的に 0 となる．したがって，すべての $\lambda \in G$ について $0 \in \sigma(L(\lambda))$，あるいは有限個の孤立点を除いた G 上の λ について $0 \in \rho(L(\lambda))$ であることが従う．

$|x| \leq 1$ で $\phi(x) = 1$ で，$|x| \geq 2$ で $\phi(x) = 0$ となるような滑らかな関数 ϕ をとっておく．$\lambda \in S_+$ のとき，$x \to \infty$ で有界な $L(\lambda)u = 0$ の解 $u(x)$ が存在するので，$u_k(x) = u(x)\phi((x - 3k)/k)$ を考えると，

$$\frac{\|L(\lambda)u_k\|_{L^p}}{\|u_k\|_{L^p}} = O\left(\frac{1}{k}\right)$$

なので，$0 \in \sigma(L(\lambda))$ がわかる．$\lambda \in S_-$ も同様なので，$\lambda \in S_+ \cup S_-$ のとき，$0 \in \sigma(L(\lambda))$ も得られる．

定理6.11 [26, Theorem A.2, Chapter 5] $M(x), N(x)$ を有界な実行列関数とし，$x \to \pm\infty$ のとき，$M_\pm, N_\pm$ に収束するものとする．対称正値行列 D に対して，X 上稠密に定義された閉作用素 A を

$$Lv := -D\frac{d^2v}{dx^2} + M(x)\frac{dv}{dx} + N(x)v$$

で定める．このとき，

$$S_\pm := \left\{ \lambda \;\middle|\; \begin{array}{l} \det(\tau^2 D + i\tau M_\pm + N_\pm - \lambda I) = 0 \text{ となる} \\ \text{実数}\tau\text{が存在する} \end{array} \right\}$$

とおくと，L の本質的スペクトルは，$S_\pm$ およびその内側（右側）に含まれる．

証明 上記の議論を踏まえて，1階微分作用素に変形したものを L_1，さらに $M(x), N(x)$ を $M_\pm, N_\pm$ に置き換えたものを L_0 とすると，L_0 の本質的スペ

クトルは $\mathbb{C}\backslash(S_+ \cup S_-)$ のいくつかの連結成分に含まれ，それ以外の連結成分では，有限個の孤立点を除き，レゾルベントとなる．これより，$\lambda \in \rho(L_0)$ のとき，$(L_1 - L_0)(\lambda - L_0)^{-1}$ はコンパクトなので，L_1 と L_0 の本質的スペクトルは一致することがわかる．したがって，γ を十分大きな実数として $\lambda = -\gamma$ は L_0 のスペクトルでないので，定理が得られる． □

$S_\pm$ は，実軸に対称な有限個の代数曲線からなり，δ を D の固有値とするとき，$\lambda = \tau^2 \delta + O(\tau)$ $(\delta \to \pm\infty)$ と振る舞うことがわかるので，A の本質的スペクトルの範囲を調べることができる．

$a(x) \to a_\pm, b(x) \to b_\pm$ $(x \to \pm\infty)$ として

$$Lv := -v_{xx} - a(x)v_x - b(x)v$$

のスペクトルについて考えてみよう．$S_\pm$ を計算すると

$$\tau^2 - i\tau a_\pm - b_\pm - \lambda = 0$$

より $\operatorname{Im} \lambda = -a_\pm \tau$, $\operatorname{Re} \lambda = \tau^2 - b_\pm$ となるので，$a_\pm \neq 0$ のとき τ を消去すると，定理 6.11 より，

$$\sigma_e(L) \subset \left\{\lambda \in \mathbb{C} \;\middle|\; \operatorname{Re} \lambda - \frac{(\operatorname{Im} \lambda)^2}{a_\pm^2} \geq -b_\pm\right\}$$

が得られる．$a_\pm = 0$ のときは，$\sigma_e(L) \subset [-b_\pm, \infty)$ となる．特に，双安定な場合は $b_\pm < 0$ なので，

$$\sigma_e(L) \subset \left\{\lambda \in \mathbb{C} \;\middle|\; \operatorname{Re} \lambda > \min\{|b_+|, |b_-|\}\right\}$$

がわかる．したがって，双安定な平衡点をつなぐ進行波解においては，固有値のみを調べることでその安定性を議論することができる．

演習問題

6.1 定理 6.8 を示せ．

6.2 (6.1) の解 $u(x,t)$ が x について単調なとき，x の代わりに u を独立変数ととることができる．つまり，$p = u_x$ を (u,t) の関数と考える．すると，$p = p(u,t)$ は

$$p_t = p^2 \left[p_u + \frac{f(u)}{p} \right]_u$$

をみたすことを示せ．

6.3 正数 λ_1, λ_2 が

$$\lambda_1 = \lambda_2 + \frac{c}{2}, \quad \lambda_1^2 + (N-1)\lambda_2^2 = \frac{c^2}{4} + k$$

をみたすとする．このとき，関数

$$W(x_1, \cdots, x_{N-1}, x_N) = 4e^{-\lambda_2 L - cx_N/2} \cosh(\lambda_1 z) \prod_{i=1}^{N-1} \cosh(\lambda_2 x_i)$$

は，$D := \{(x_1, \cdots, x_{N-1}, x_N) \mid |x_i| < L \quad (i = 1, \ldots, N)\}$ 上で

$$\min_{\partial D} W \geq 1, \quad -cW_{x_N} - \Delta W + kW = 0$$

をみたすことを示せ．

6.4 $f'(1) < 0$ をみたすアレン・カーン・南雲型方程式 (6.17) の x_N 方向に速度 c で動く進行波解 u を考える．

$$\lim_{x_N \to \infty} u(x,t) = 1$$

をみたすならば，$u(x_1, \ldots, x_{N-1}, x_N, 0) - 1$ およびその偏導関数は $x_N \to \infty$ のとき 0 に指数的に収束することを前問を用いて示せ（演習問題 5.6 参照）．

第 7 章

界面方程式

まえがきで説明したように，自然界に現れるパターンは，いくつかの相のなす境界によって認識されている．ここでは，その境界を取り扱う数学的手法である自由境界問題を取り上げ，形式的な計算によって反応拡散系から自由境界問題を導出する方法を説明する．

7.1 動曲線

$0 \leq t \leq T$ のとき平面上で運動する滑らかな曲線

$$\Gamma(t) = \{\boldsymbol{\gamma}(\xi,t) = {}^t(x(\xi,t), y(\xi,t)); \xi \in [0,1]\} \subset \mathbb{R}^2$$

を考えよう．閉曲線の場合と開曲線の場合を取り扱う．ここでは最低限必要な微分幾何の内容を復習しておく．関数 $g = g(\xi, t)$ を

$$g(\xi, t) = |\boldsymbol{\gamma}_\xi| = \sqrt{x_\xi^2 + y_\xi^2}$$

とおく．任意の (ξ, t) に対して $g(\xi, t) \neq 0$ であると仮定しよう．すると，弧長パラメータ s および曲線の長さは

$$s(\xi) := \int_0^\xi g(\eta, t)\, d\eta, \quad L(t) := \int_0^1 g(\xi, t)\, d\xi$$

で与えられる．s は ξ について単調増加関数であるので，逆関数定理より ξ を s の関数 $\xi = \xi(s)$ としてみることができ，

7.1 動曲線

$$\boldsymbol{\gamma}(s,t) : [0, L(t)] \times [0, T] \to \Gamma(t)$$

が定義され，ξ の代わりに弧長パラメータ s を用いて $\Gamma(t), L(t)$ を

$$\Gamma(t) = \{\boldsymbol{\gamma}(s,t) = {}^t(x(s,t), y(s,t)); s \in [0, L(t)]\}$$

と表せる．実際,

$$|\boldsymbol{\gamma}_s| = \left|\frac{\partial \xi}{\partial s}\frac{\partial \boldsymbol{\gamma}}{\partial \xi}\right| = \left|\frac{1}{g}\frac{\partial \boldsymbol{\gamma}}{\partial \xi}\right| = 1$$

となっていることが確かめられる．また，単位接ベクトル $\boldsymbol{\tau}$ および単位法線ベクトル $\boldsymbol{\nu}$, はそれぞれ，

$$\boldsymbol{\tau} = \frac{\partial \boldsymbol{\gamma}}{\partial s} = \begin{pmatrix} x_s \\ y_s \end{pmatrix} = \boldsymbol{\gamma}_s, \quad \boldsymbol{\nu} = \begin{pmatrix} y_s \\ -x_s \end{pmatrix}$$

となる（図 7.1）．ここで，$\Gamma(t)$ が閉曲線の場合に，s（もちろん ξ も）が $\Gamma(t)$ が囲む領域 $\Omega(t)$ を反時計回りに回るとき，この単位法線ベクトルは，$\Omega(t)$ の外向き法線ベクトルになっている．$\boldsymbol{\tau} \cdot \boldsymbol{\tau} = 1$ を s で微分すると，

$$2\boldsymbol{\tau}_s \cdot \boldsymbol{\tau} = 0$$

となり，接ベクトルと $\boldsymbol{\tau}_s$ は直交することがわかる．つまり，$\boldsymbol{\tau}_s = \boldsymbol{\gamma}_{ss}$ は法線ベクトルと平行で

$$\boldsymbol{\tau}_s = -\kappa \boldsymbol{\nu}$$

と比例定数 κ を用いて表すことができる．この比例定数 $\kappa = \kappa(s,t)$ は動曲線 $\Gamma(t)$ の**曲率 (mean curvature)** と呼ばれる．成分で表すと

$$x_{ss} = -\kappa y_s, \quad y_{ss} = \kappa x_s$$

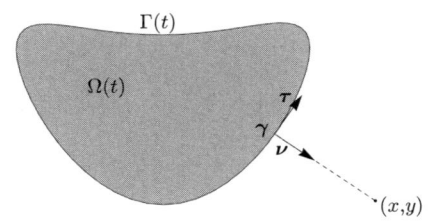

図 7.1 曲線と接ベクトル，法線ベクトル

126　第 7 章　界面方程式

なので，
$$\boldsymbol{\nu}_s = \kappa \boldsymbol{\tau}$$
が成り立つ．まとめると，
$$\boldsymbol{\tau}_s = -\kappa \boldsymbol{\nu}, \quad \boldsymbol{\nu}_s = \kappa \boldsymbol{\tau} \tag{7.1}$$
が成り立つ．この 2 つの関係式 (7.1) は**フレネ (Frenet) の公式**と呼ばれる．

滑らかな曲線 Γ の近傍を曲線上の点と曲線からの距離を用いて特徴付けよう．(x,y) を曲線 Γ の近傍の点とすると，$\boldsymbol{\gamma} \in \Gamma$ と $z \in \mathbb{R}$ が存在して
$$\begin{pmatrix} x \\ y \end{pmatrix} = \boldsymbol{\gamma} + z\boldsymbol{\nu}$$
と表すことができる．この z は符号付き距離と呼ばれる．曲線は動曲線なので，$\boldsymbol{\gamma}, z$ は (s,t) に依存し，$\boldsymbol{\gamma} = \boldsymbol{\gamma}(s,t), z = z(s,t)$ となっている．そこで，(x,y) から $(s,z) = (S(x,y,t), Z(x,y,t))$ への変数変換を導入しよう．つまり，
$$\begin{pmatrix} x \\ y \end{pmatrix} = \boldsymbol{\gamma}(S(x,y,t),t) + Z(x,y,t)\boldsymbol{\nu}(S(x,y,t),t) \tag{7.2}$$
が任意の x,y について成り立つことになる．(7.2) の (x,y) を $\boldsymbol{h} = {}^t(h_1, h_2)$ 方向に方向微分しよう．右辺の第 1 項は，
$$\frac{d}{d\theta}\boldsymbol{\gamma}(S(x+\theta h_1, y+\theta h_2, t), t)\bigg|_{\theta=0} = \boldsymbol{\gamma}_s(\nabla S \cdot \boldsymbol{h}) = (\nabla S \cdot \boldsymbol{h})\boldsymbol{\tau}$$
と計算できるので，
$$\boldsymbol{h} = (\nabla S \cdot \boldsymbol{h})\boldsymbol{\tau} + \boldsymbol{\nu}(\nabla Z \cdot \boldsymbol{h}) + Z\boldsymbol{\nu}_s(\nabla S \cdot \boldsymbol{h}) \tag{7.3}$$
となる．$\boldsymbol{\nu} \cdot \boldsymbol{\nu}_s = 0$ なので，上式と $\boldsymbol{\nu}$ との内積から
$$(\boldsymbol{\nu} - \nabla Z) \cdot \boldsymbol{h} = 0$$

となる．h は任意なので，

$$\nabla Z = \boldsymbol{\nu}$$

が得られる．

補題 7.1

$$\nabla Z = \boldsymbol{\nu}, \quad \nabla S = \frac{1}{1+\kappa Z}\boldsymbol{\tau} \tag{7.4}$$

が成り立つ．

証明 第 1 式はすでに得られているので，第 2 式のみ示せばよい．(7.3) と $\boldsymbol{\tau} = \boldsymbol{\gamma}_s$ との内積をとると，

$$\begin{aligned}\boldsymbol{h}\cdot\boldsymbol{\tau} &= \nabla S\cdot\boldsymbol{h} + Z\boldsymbol{\tau}\cdot\boldsymbol{\nu}_s(\nabla S\cdot\boldsymbol{h}) \\ &= (1+\kappa Z)(\nabla S\cdot\boldsymbol{h})\end{aligned}$$

が得られる．$\boldsymbol{h}$ は $\mathbb{R}^2$ の任意の元なので，補題は示された． □

補題 7.2

$$\Delta Z = \operatorname{div}\boldsymbol{\nu} = \frac{\kappa}{1+\kappa Z} \tag{7.5}$$

が成り立つ．

証明 (7.2) から

$$\nabla\cdot\begin{pmatrix}x\\y\end{pmatrix} = \boldsymbol{\gamma}_s\cdot\nabla S + \nabla Z\cdot\boldsymbol{\nu} + Z\operatorname{div}\boldsymbol{\nu}$$

となる．補題 7.1 より

$$2 = \frac{1}{1+\kappa Z} + 1 + Z\operatorname{div}(\nabla Z)$$

となる.ここで,右辺第3項は ΔZ であることに注意すると,

$$\Delta Z = \frac{\kappa}{1+\kappa Z}$$

が得られる. □

次に,法線速度を考えよう.曲線上の点 γ の速度は

$$\gamma_t = G\boldsymbol{\tau} + V\boldsymbol{\nu}$$

と,**接線速度 (tangent velocity)** G と**法線速度 (normal velocity)** V に分解できる.つまり,

$$V = \gamma_t \cdot \boldsymbol{\nu}$$

である.

補題 7.3

$$Z_t(x,y,t) = -V|_{s=S(x,y,t)} \tag{7.6}$$

が成り立つ.

証明 x,y を固定して,(7.2) を t で微分すると,

$$0 = \gamma_s S_t + \gamma_t + Z_t\boldsymbol{\nu} + ZS_t\boldsymbol{\nu}_s + Z\boldsymbol{\nu}_t \tag{7.7}$$

となる.$\boldsymbol{\nu}\cdot\boldsymbol{\nu}=1$ を t 微分することにより,$\boldsymbol{\nu}\cdot\boldsymbol{\nu}_t=0$ がわかる.したがって,$\boldsymbol{\nu}$ と (7.7) の内積により,

$$V = -Z_t$$

が得られる. □

(x,y) を $\boldsymbol{\nu}$ 方向に動かしても Z_t は変化しないことに注意しておく.

7.2 界面方程式の導出

ここでは，反応拡散系から界面方程式を導出する方法を説明する．反応拡散系

$$u_t = \Delta u + \frac{1}{\varepsilon^2} u(1-u)(u - \frac{1}{2} + b\varepsilon) \tag{7.8}$$

の解 $u(x,t)$ を考えよう．この方程式の解は，$\varepsilon \to +0$ とするとどのように振る舞うであろうか？ここで，

$$f_0(u) := u(1-u)\left(u - \frac{1}{2}\right)$$

と定義しておく．

ε を変えて数値計算をすると，図 7.2 のようになる．ε が 0 に近づくにつれて，ほとんどの点 x で u は 0 か 1 のいずれかに収束し，$u = 0$ に近い部分と $u = 1$ に近い部分の境界が明瞭になってくることがわかる．このことから，$u \approx 0$ と $u \approx 1$ となっている領域の境界がわかれば，関数 u が決定できることがわかる．ここでは，この境界がみたす方程式の導出を行う．この境界は，**界面 (interface)** と呼ばれ，界面がみたす方程式は界面方程式と呼ば

(a) $\varepsilon = 0.2$ (b) $\varepsilon = 0.1$ (c) $\varepsilon = 0.01$

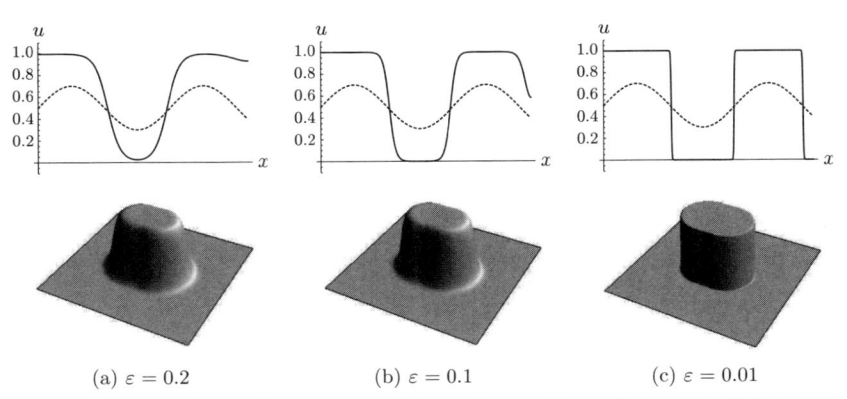

図 7.2 界面の形成．上段は 1 次元の場合，下段は 2 次元の場合の解の様子を表している．上段の図の破線は初期分布で，実線は $t = 0.5$ における解のグラフである．

れる．また，u の値が大きく変化しているので，**遷移層 (transition layer)** とも呼ばれる．

第 7.1 節のように，界面 $\Gamma(t)$ の弧長を s，界面上の点 $\boldsymbol{\gamma}(s)$ での法線を $\boldsymbol{\nu}$ とする．また，関数 $S(x,y,t), Z(x,y,t)$ も同様に定める．u は界面の法線方向には急激に変化する関数になっているので，$z = Z(x,y,t)/\varepsilon$ を導入しよう．遷移層の ε 近傍が z では有界区間に引き延ばされるので，滑らかな関数になることが期待できる．u を $(s,z,t) = (S(x,y,t), Z(x,y,t)/\varepsilon, t)$ の関数と考えよう．つまり，

$$u(x,y,t) = U(s,z,t) = U\Big(S(x,y,t), \frac{Z(x,y,t)}{\varepsilon}, t\Big)$$

としよう．くどいようだが，z は前節と違うが，座標変換 (S, Z) は前節のままであることに注意しておく．すると，

$$u_t = U_t + S_t U_s + \frac{Z_t}{\varepsilon} U_z,$$

$$u_x = S_x U_s + \frac{1}{\varepsilon} Z_x U_z,$$

$$u_{xx} = S_{xx} U_s + S_x^2 U_{ss} + \frac{2}{\varepsilon} S_x Z_x U_{zs} + \frac{1}{\varepsilon} Z_{xx} U_z + \frac{1}{\varepsilon^2} Z_x^2 U_{zz}$$

と計算できる．(7.4) を用いると

$$\Delta u = U_s \Delta S + |\nabla S|^2 U_{ss} + \frac{2}{\varepsilon} U_{zs} \nabla S \cdot \nabla Z + \frac{1}{\varepsilon} U_z \Delta Z + \frac{1}{\varepsilon^2} |\nabla Z|^2 U_{zz}$$

$$= U_s \Delta S + |\nabla S|^2 U_{ss} + \frac{1}{\varepsilon} U_z \Delta Z + \frac{1}{\varepsilon^2} U_{zz}$$

と計算できる．これを方程式に代入すると

$$U_t + S_t U_s + \frac{Z_t}{\varepsilon} U_z = U_s \Delta S + |\nabla S|^2 U_{ss} + \frac{\Delta Z}{\varepsilon} U_z + \frac{1}{\varepsilon^2} U_{zz} + \frac{1}{\varepsilon^2} f_0(U) + \frac{b}{\varepsilon} U(1-U)$$

が得られる．$u \approx 1$ と $u \approx 0$ となっている領域の境界を調べているので

$$\lim_{z \to -\infty} U = 1, \quad \lim_{z \to \infty} U = 0$$

となる解を探す.
$$U = U^0 + \varepsilon U^1 + \varepsilon^2 U^2 + \cdots$$
と漸近展開して，εの係数比較を行おう.

$$U_t + S_t U_s + \frac{Z_t}{\varepsilon} U_z$$
$$= (U^0 + \varepsilon U^1 + \varepsilon^2 U^2 + \cdots)_t + S_t(U^0 + \varepsilon U^1 + \varepsilon^2 U^2 + \cdots)_s$$
$$+ \frac{Z_t}{\varepsilon}(U^0 + \varepsilon U^1 + \varepsilon^2 U^2 + \cdots)_z$$
$$= \frac{1}{\varepsilon} Z_t U_z^0 + (U_t^0 + S_t U_s^0 + Z_t U_z^1) + O(\varepsilon),$$

$$U_s \Delta S + |\nabla S|^2 U_{ss} + \frac{\Delta Z}{\varepsilon} U_z + \frac{1}{\varepsilon^2} U_{zz}$$
$$= \frac{1}{\varepsilon^2} U_{zz}^0 + \frac{1}{\varepsilon} U_{zz}^1 + \frac{\kappa}{\varepsilon(1+\varepsilon\kappa z)} U_z^0 + O(1)$$
$$= \frac{1}{\varepsilon^2} U_{zz}^0 + \frac{1}{\varepsilon} U_{zz}^1 + \frac{\kappa}{\varepsilon} U_z^0 + O(1)$$

と整理できる．ここで (7.4) を用いた．また，テイラー展開を用いて
$$f_0(U) = f_0(U^0) + \varepsilon f_0'(U^0) U^1 + O(\varepsilon^2)$$
と計算できるので，

$$O(\varepsilon^{-2}): \quad U_{zz}^0 + f_0(U^0) = 0, \tag{7.9}$$
$$O(\varepsilon^{-1}): \quad Z_t U_z^0 = U_{zz}^1 + U_z^0 \kappa + f_0'(U^0) U^1 + bU^0(1-U^0), \tag{7.10}$$
$$\cdots$$

となる．(7.9) の解は，第 4 章で見たように (4.9) とその平行移動で与えられるので，
$$U^0(z) = \frac{1}{1 + e^{z/\sqrt{2}}} \tag{7.11}$$
と求められる．このとき (4.8) より，
$$U^0(1 - U^0) = -\sqrt{2} U_z^0$$

となる．次に，(7.10) をみたす U^1 を探そう．(7.10) は

$$U^1_{zz} + f_0'(U^0)U^1 = Z_t U^0_z - U^0_z \kappa - \sqrt{2}b U^0_z$$

と書き換えられる．これは，$LU^1 = g$ の形をしている．第 6 章で見たように，自己共役作用素 $L := d^2/dz^2 + f_0'(U^0)$ は 0 を固有値としてもち，対応する固有関数は U^0_z となっている．したがって，L の値域と L の零空間とは直交するので，U^1 が存在するとすると，(7.10) の右辺 g と U^0_z の内積は 0 となるはずである．以上より，

$$\int_{-\infty}^{\infty} \left(Z_t - \kappa + \sqrt{2}b \right) |U^0_z|^2 dz = 0 \qquad (7.12)$$

となる必要がある．Z_t と κ は z に依存しないので，

$$Z_t - \kappa + \sqrt{2}b = 0$$

が得られる．(7.6) を用いると，

$$V = -\kappa + \sqrt{2}b \qquad (7.13)$$

が得られる．特に，$b = 0$ のとき，

$$V = -\kappa$$

となる．これは，（平均）曲率流方程式と呼ばれる．(7.13) は外力付き曲率流方程式と呼ばれる．

ここでの漸近計算は，遷移層を中心とする計算で，内部解 (inner solution) の構成を行った．外部解 (outer solution) はこの場合，0 と 1 なので，構成する必要がなかった．次節では，外部解の構成を行う例を取り上げよう．

7.3 フィッツフュー・南雲型方程式の極限方程式

ここでは，フィッツフュー・南雲方程式

$$\begin{cases} u_t = \varepsilon \Delta u + \dfrac{1}{\varepsilon}(f(u) - v), \\ v_t = au - bv - \delta \end{cases}$$

を取り上げよう．定数定常解 (u_*, v_*) がただ一つ存在する興奮系となっていると仮定しよう．$v = f(u)$ の3つの根を図7.3のように順に

$$u = h_-(v), h_0(v), h_+(v)$$

と表す．仮定より，$v = f(u)$ と $au - bv - \delta = 0$ は，図7.3のように1点のみで交わっており，$f'(h_\pm(v)) < 0$, $f'(h_0(v)) > 0$ を仮定しておく．もちろん v は3根をもつような範囲にある場合に制限する必要があるが，煩雑なため省略する．

外部解を

$$u = u^0 + \varepsilon u^1 + \varepsilon^2 u^2 + \cdots,$$
$$v = v^0 + \varepsilon v^1 + \varepsilon^2 v^2 + \cdots$$

としよう．第7.2節と同じように，方程式に代入して ε のベキについての係数比較をしよう．

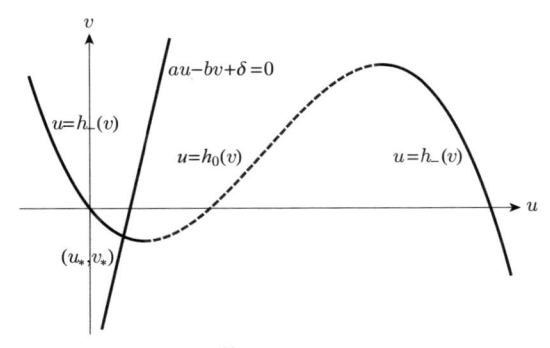

図 7.3 関数 h_-, h_0, h_+ のグラフ

$$(u^0 + \varepsilon u^1 + \varepsilon^2 u^2 + \cdots)_t$$
$$= \varepsilon \Delta(u^0 + \varepsilon u^1 + \varepsilon^2 u^2 + \cdots)$$
$$+ \frac{1}{\varepsilon} f(u^0 + \varepsilon u^1 + \varepsilon^2 u^2 + \cdots) - \frac{1}{\varepsilon}(v^0 + \varepsilon v^1 + \varepsilon^2 v^2 + \cdots),$$
$$(v^0 + \varepsilon v^1 + \varepsilon^2 v^2 + \cdots)_t$$
$$= a(u^0 + \varepsilon u^1 + \varepsilon^2 u^2 + \cdots) - b(v^0 + \varepsilon v^1 - \varepsilon^2 v^2 + \cdots) - \delta$$

の第1式の ε^{-1} の係数から

$$f(u^0) - v^0 = 0$$

が従う．したがって，u の外部解は第7.2節同様,

$$u^0 = \begin{cases} h_+(v^0) & (x \in \Omega(t)), \\ h_-(v^0) & (x \notin \Omega(t)) \end{cases} \tag{7.14}$$

となる．v の外部解は,

$$v^0_t = ah_\pm(v^0) - bv^0 - \delta$$

をみたす関数となる．$h_\pm$ のグラフは図7.3のようになるので，外部解 (u^0, v^0) は図7.4のようになることが期待できる．

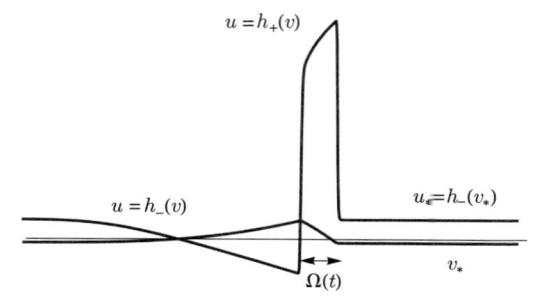

図 **7.4** 1次元空間上でのフィッツフュー・南雲方程式の極限

7.3 フィッツフュー・南雲型方程式の極限方程式

次に，内部解を構成しよう．

$$u(x,y,t) = U^0\left(S, \frac{Z}{\varepsilon}, t\right) + \varepsilon U^1\left(S, \frac{Z}{\varepsilon}, t\right) + \varepsilon^2 U^2\left(S, \frac{Z}{\varepsilon}, t\right) + \cdots,$$

$$v(x,y,t) = V^0\left(S, \frac{Z}{\varepsilon}, t\right) + \varepsilon V^1\left(S, \frac{Z}{\varepsilon}, t\right) + \varepsilon^2 V^2\left(S, \frac{Z}{\varepsilon}, t\right) + \cdots$$

とおくと，

$$U_t^0 + S_t U_s^0 + \frac{1}{\varepsilon} Z_t U_z^0 + Z_t U_z^1$$
$$= U_z^0 \Delta Z + \frac{1}{\varepsilon} U_{zz}^0 + U_{zz}^1 + \frac{1}{\varepsilon}(f(U^0) - V^0) + f'(U^0)U^1 - V^1 + O(\varepsilon),$$

$$V_t^0 + S_t V_s^0 + \frac{1}{\varepsilon} Z_t V_z^0 + Z_t V_z^1$$
$$= aU^0 - bV^0 - \delta + O(\varepsilon),$$

と計算できるので，ε の係数比較から，

$$O(\varepsilon^{-1}): \quad -Z_t U_z^0 + U_{zz}^0 + f(U^0) - V^0 = 0, \tag{7.15}$$

$$Z_t V_z^0 = 0 \tag{7.16}$$

が得られる．(7.16) と外部解との接続条件

$$V^0(\pm\infty) = v^0|_{z=\pm 0}$$

より V^0 は定数であることがわかる．同時に $v^0|_{z=+0} = v^0|_{z=-0}$ が従う．(7.15) より U^0 は

$$U_t = U_{zz} + f(U) - V^0$$

の進行波解となり，その速度を $C = C(V^0)$ とすると，法線速度 V_ν (v の内部解と区別するためにここでは V_ν と記す) は，

$$V_\nu = -Z_t = C(V^0)$$

をみたす．以上より，v^0 を v と改めることで，極限方程式として

$$\begin{cases} V_{\boldsymbol{\nu}} = C(v), \\ v_t = ah_+(v) - bv - \delta & (x \in \Omega(t)), \\ v_t = ah_-(v) - bv - \delta & (x \notin \Omega(t)) \end{cases} \tag{7.17}$$

が得られる．

注意 7.4 フィッツフュー・南雲型方程式

$$\begin{cases} u_t = \Delta u + \dfrac{1}{\varepsilon^2}(f_\varepsilon(u) - \varepsilon\beta v), \\ v_t = g(u, v) \end{cases}$$

の極限方程式として

$$\begin{cases} V_{\boldsymbol{\nu}} = C(v) - \kappa, \\ v_t = g(\chi_{\Omega(t)}, v) \end{cases} \tag{7.18}$$

を得ることもできる．これは反応界面系と呼ばれる．ここで

$$f_\varepsilon(u) = u(1-u)\left(u - \frac{1}{2} - \varepsilon\alpha\right)$$

および χ_Ω は Ω の特性関数とし，$(u, v) \in [1/2, 1] \times [0, \infty)$ のとき

$$g(u, v) > 0$$

を仮定する．

7.4 キネマティック方程式の導出

ここでは自由端をもつ曲線のみたすべき曲率の方程式を導こう．この方程式はキネマティック方程式と呼ばれ，あらゆる動由線がみたす方程式である．まず，その準備として次の補題を示そう．

補題 7.5

$$g_t = (\kappa V + G_s) g, \tag{7.19}$$

$$\boldsymbol{\tau}_t = (V_s - \kappa G) \boldsymbol{\nu}, \tag{7.20}$$

$$\boldsymbol{\nu}_t = -(V_s - \kappa G) \boldsymbol{\tau} \tag{7.21}$$

が成り立つ．

証明 関数 g の定義より，

$$g = |\boldsymbol{\gamma}_\xi| = (\boldsymbol{\gamma}_\xi \cdot \boldsymbol{\gamma}_\xi)^{\frac{1}{2}}$$

であるので，第 7.1 節の計算より

$$\begin{aligned}
g_t &= \frac{1}{g} \frac{\partial \boldsymbol{\gamma}_t}{\partial \xi} \cdot \boldsymbol{\gamma}_\xi \\
&= \frac{\partial}{\partial s}(V\boldsymbol{\nu} + G\boldsymbol{\tau}) \cdot g\boldsymbol{\tau} \\
&= (V_s\boldsymbol{\nu} + V\kappa\boldsymbol{\tau} + G_s\boldsymbol{\tau} + G(-\kappa\boldsymbol{\nu})) \cdot g\boldsymbol{\tau} \\
&= (\kappa V + G_s) g
\end{aligned}$$

となり，(7.19) が示される．次に $\boldsymbol{\tau}$ の定義より，$\boldsymbol{\tau} = \boldsymbol{\gamma}_s = \boldsymbol{\gamma}_\xi/g$ なので，

$$\begin{aligned}
\boldsymbol{\tau}_t &= \frac{\partial}{\partial t}\left(\frac{1}{g}\frac{\partial \boldsymbol{\gamma}}{\partial \xi}\right) \\
&= -\frac{g_t \boldsymbol{\gamma}_s}{g} + \frac{\partial \boldsymbol{\gamma}_t}{\partial s} \\
&= -(\kappa V + G_s) \cdot \boldsymbol{\tau} + (V_s\boldsymbol{\nu} + \kappa V\boldsymbol{\tau} + G_s\boldsymbol{\tau} - \kappa G\boldsymbol{\nu}) \\
&= (V_s - \kappa G) \boldsymbol{\nu}
\end{aligned}$$

と計算でき，(7.20) が得られる．

(7.20) から $\boldsymbol{\tau}_t$ の x 成分と y 成分をそれぞれ表示すると，

$$\frac{\partial x_s}{\partial t} = (V_s - \kappa G) y_s,$$

第7章 界面方程式

$$\frac{\partial y_s}{\partial t} = (V_s - \kappa G)(-x_s) = -(V_s - \kappa G)x_s$$

である．また，$\boldsymbol{\nu}_t$ の x 成分と y 成分も，

$$\frac{\partial}{\partial t}y_s = -(V_s - \kappa G)x_s,$$

$$-\frac{\partial}{\partial t}x_s = -(V_s - \kappa G)y_s$$

と計算できる．したがって，(7.21) が成り立つことがわかる． □

次に，この補題を用いて，キネマティック方程式を導出しよう．

補題 7.6 V を法線速度，G を接線速度，κ を曲率とするとき，キネマティック方程式

$$\kappa_t = G\kappa_s - \kappa^2 V - V_{ss} \tag{7.22}$$

および曲線の長さに関する方程式

$$L_t = \int_0^L \kappa V \, \mathrm{d}s + G(L(t), t) - G(0, t) \tag{7.23}$$

が成り立つ．

証明 フレネの公式 (7.1) から，

$$\kappa = -\boldsymbol{\tau}_s \cdot \boldsymbol{\nu} = -\frac{1}{g}\boldsymbol{\tau}_\xi \cdot \boldsymbol{\nu}$$

と表されるので，

$$\kappa_t = \frac{\partial}{\partial t}\left(-\frac{1}{g}\boldsymbol{\tau}_\xi \cdot \boldsymbol{\nu}\right)$$

$$= -\left\{\frac{\partial}{\partial t}\left(\frac{1}{g}\right)\frac{\partial \boldsymbol{\tau}}{\partial \xi} \cdot \boldsymbol{\nu} + \frac{1}{g}\frac{\partial}{\partial t}\left(\frac{\partial \boldsymbol{\tau}}{\partial \xi}\right) \cdot \boldsymbol{\nu} + \frac{\partial \boldsymbol{\tau}}{\partial s} \cdot \frac{\partial \boldsymbol{\nu}}{\partial t}\right\}$$

$$= -\left[-\frac{1}{g}g_t\frac{\partial\boldsymbol{\tau}}{\partial s}\cdot\boldsymbol{\nu} + \frac{\partial}{\partial s}\{(V_s - \kappa G)\boldsymbol{\nu}\}\cdot\boldsymbol{\nu} + (\kappa\boldsymbol{\nu})\cdot\{-(V_s - \kappa G)\boldsymbol{\tau}\}\right]$$
$$= -\{\kappa(\kappa V + G_s) + (V_{ss} - G\kappa_s - \kappa G_s) + (V_s - \kappa G)\boldsymbol{\nu}_s\cdot\boldsymbol{\nu}\}$$
$$= G\kappa_s - \kappa^2 V - V_{ss} \tag{7.24}$$

が従う. これは (7.22) を意味している.

次に (7.23) を示そう.

$$\frac{dL}{dt} = \frac{\partial}{\partial t}\left(\int_0^1 g(\xi,t)\,d\xi\right) = \int_0^1 \frac{\partial g}{\partial t}(\xi,t)\,d\xi = \int_0^1 (\kappa V + G_s)\,g\,d\xi$$
$$= \int_0^{L(t)} (\kappa V + G_s)\,ds = \int_0^{L(t)} \kappa V\,ds + \int_0^{L(t)} G_s(s,t)\,ds$$
$$= \int_0^{L(t)} \kappa V\,ds + G(L(t),t) - G(0,t)$$

となり, (7.23) が示された. □

界面方程式 $V = c_0 - \kappa$ をみたすとき, (7.22) より

$$\kappa_t = \kappa_{ss} - \kappa^2(c_0 - \kappa) + G\kappa_s,$$
$$L_t = \int_0^L \kappa(c_0 - \kappa)ds + G(L,t) - G(0,t)$$

となる. これらの方程式と境界条件によって開曲線の場合の曲線の運動を求めることができる. 詳しくは同シリーズの『界面現象と曲線の微積分』[68] を見てほしい.

$c_0 = 0$ の場合, つまり $V = -\kappa$ は, **平均曲率流方程式**と呼ばれる. ゲージ・ハミルトン (Gage-Hamilton)[18], グレイソン (Grayson)[19] より, 2次元の有界な閉曲線から出発すると, 有限時間で丸くなりながら1点になることが知られている. この計算において

$$\kappa_t = \kappa_{ss} + \kappa^3$$

が重要な役割を果たすことを補足しておく.

演習問題

7.1 2次元空間における界面方程式 $V = -\kappa$ の進行波解をすべて求めよ.

7.2 2次元空間における界面方程式 $V = 1 - \kappa$ の進行波解をすべて求めよ.

7.3 注意 7.4 を形式的な展開から確認せよ（[8] 参照）.

【初版 3 刷発行に際して】

　最新の結果について補足する. 反応界面系 (7.18) の初期値問題は, 一般には適切な問題となっていない. 適切な初期値問題とするためには, 初期関数の空間を適切に導入する必要がある. 詳しくは,

> Y.-Y. Chen, H. Ninomiya and C.-H. Wu: Global existence and uniqueness of solutions for one-dimensional reaction-interface systems, *J. Differential Equations* **324** (2022) 102–130

を参照してほしい. また, 反応界面系 (7.18) の解のダイナミクスは,

> Y.-Y. Chen, H. Ninomiya and C.-H. Wu: Global dynamics on one-dimensional excitable media, *SIAM J. Mathematical Analysis* **53** (2021) 7081–7112

において3通りに分類されている.

第8章

反応拡散系の進行波解

第2章で取り上げたさまざまな反応拡散系の伝播現象を進行波解としてとらえよう．反応拡散系の進行波解の存在証明は，方程式の数が多くなったため，第4章における計算に比べると難しい．本章では，どのような難しさがあるのか，そのためにどのような工夫がなされてきたのかをいくつかの例とともに説明する．

8.1 拡散競争系

第2.3節で取り上げた競争系の進行波について考えよう．a_i, b_i, c_i ($i = 1, 2$) は正定数とする．このとき，(2.3) に $(p_1, p_2) = (a_1 u/b_1, a_1 v/c_2)$ および $t = a_1 \tau$ と変数変換すると $a = a_2/a_1$, $b = b_2/b_1$, $c = c_1/c_2$ として

$$\begin{cases} u_\tau = u(1 - u - cv), \\ v_\tau = v(a - bu - v) \end{cases} \tag{8.1}$$

となる．τ を改めて t とし，拡散項をつけると

$$\begin{cases} u_t = u_{xx} + u(1 - u - cv), \\ v_t = dv_{xx} + v(a - bu - v) \end{cases} \tag{8.2}$$

が得られる．ここで x についても変数変換することにより u の拡散係数を 1 としていることに注意しておく．

(i) $a \leq b, a \leq 1/c$ のときは，$(1,0)$ が (8.1) のただ一つの安定平衡点であり (8.2) の定数定常解となる．第5.4節でみたように比較原理から正値解について
$$\lim_{t \to \infty} (u(x,t), v(x,t)) = (1,0)$$
が従う．

(ii) $b < a, 1/c < a$ のときは，$(0,a)$ が (8.1) のただ一つの安定平衡点であり同様に扱うことができる．

(iii) $b < a < 1/c$ のとき，正値解は安定共存定数定常解
$$(u^*, v^*) := \left(\frac{1-ac}{1-bc}, \frac{a-b}{1-bc} \right)$$
に収束することがわかる．

(iv) $1/c < a < b$ のとき，$(1,0)$ および $(0,a)$ の2つの定数解が安定となる双安定系となる．このとき，どちらに収束するかは初期値に依存し，その境界は (u^*, v^*) の安定多様体になっている．

以上のように $t \to \infty$ のときに各点的に安定定数定常解に収束するが，このとき進行波が現れる．速度 s の (8.2) の進行波解は
$$\begin{cases} -su' = u'' + (1-u-cv)u, \\ -sv' = dv'' + (a-bu-v)v \end{cases} \tag{8.3}$$
をみたす．ここでは，双安定な場合 (iv) を取り扱うので，
$$\lim_{z \to -\infty} (u(z), v(z)) = (0,a), \quad \lim_{z \to \infty} (u(z), v(z)) = (1,0)$$
を課す．進行波解を取り扱うことは，$p = u', q = v'$ とおいて，4成分の連立方程式
$$\begin{cases} u' = p, \\ p' = -sp - (1-u-cv)u, \\ v' = q, \\ q' = \dfrac{-sq - (a-bu-v)v}{d} \end{cases}$$

の軌道の中で $(0,0,a,0)$ と $(1,0,0,0)$ をつなぐような速度 s を探す問題となるが，方程式の数が多いため，扱いは難しい．

以下のように，進行波解の速度はパラメータ a,b,c について単調であるという結果が知られている．

定理 8.1 (観音 [57]) 双安定系 ($1/c < a < b$) のとき，

$$\lim_{z \to -\infty}(u(z),v(z)) = (0,a), \quad \lim_{z \to \infty}(u(z),v(z)) = (1,0), \quad u_z > 0, \quad v_z < 0$$

をみたす (8.2) の速度 $s = s(a,b,c,d)$ の進行波解 (u,v) が存在する．さらに，

$$\frac{\partial s}{\partial a} > 0, \quad \frac{\partial s}{\partial b} < 0, \quad \frac{\partial s}{\partial c} > 0$$

が成り立つ．

拡散係数 d に関する依存性については知られていない．

8.2 伝染病モデル

第 2 章で取り上げた伝染病モデル（カーマック・マッケンドリックモデル）

$$\begin{cases} u_t = d_1 u_{xx} - \beta uv, \\ v_t = d_2 v_{xx} + \beta uv - \gamma v \end{cases} \tag{8.4}$$

の進行波について考えよう．ここで β, γ, d_2 は正定数とする．d_1 は非負定数とする．この方程式の定数定常解は，任意の $a \in \mathbb{R}$ として $(a, 0)$ となる．つまり進行波解は，$a > b$ として $(a,0,0,0)$ と $(b,0,0,0)$ をつなぐ $\mathbb{R}^4$ の軌道 $\{(u(z), u'(z), v(z), v'(z)) \mid z \in \mathbb{R}\}$ となる．$d_1 = 0$ のときは $\mathbb{R}^3$ の軌道を考えればよいので，取り扱いが簡単になる．$z = x - ct$ として，進行波解のみたす方程式は

$$\begin{cases} -cu_z = -\beta uv, \\ -cv_z = d_2 v_{zz} + \beta uv - \gamma v \end{cases} \tag{8.5}$$

となる．$u_z/u = \beta v/c$ に注意すると

$$\left(cu + cv - \frac{c\gamma}{\beta}\log u + d_2 v_z\right)_z = \beta uv + cv_z - \frac{\gamma\beta uv}{\beta u} + d_2 v_{zz} = 0$$

となっている．これより，$cu + cv - c\gamma(\log u)/\beta + d_2 v_z$ は定数なので，$z \to \pm\infty$ として，極限値 a, b は

$$a - \frac{\gamma}{\beta}\log a = b - \frac{\gamma}{\beta}\log b$$

および $b < \gamma/\beta < a$ をみたす必要があることがわかる．

$$h(u) := \frac{\gamma}{\beta}\log \frac{u}{a} - u + a$$

とおくと，$h(a) = h(b) = 0$ をみたしている．以上より，(8.5) は 2 成分系

$$\begin{cases} u_z = \dfrac{\beta}{c}uv, \\ v_z = \dfrac{c}{d_2}(h(u) - v) \end{cases} \tag{8.6}$$

に帰着できる．$(b, 0)$ のまわりの (8.6) の線形化固有値を計算すると

$$\lambda^2 + \frac{c}{d_2}\lambda - \frac{\beta b h'(b)}{d_2} = 0, \quad h'(b) = \frac{\gamma}{b\beta} - 1 > 0$$

なので，$(b, 0)$ は鞍状点であることがわかる．一方 $h'(a) < 0$ なので $0 < c < 2\sqrt{d_2(\beta a - \gamma)}$ のとき $(a, 0)$ は安定渦状点となり，v が正となる進行波解は存在しない．$c \geq 2\sqrt{d_2(\beta a - \gamma)}$ のとき $(a, 0)$ は安定結節点となることがわかる．次に，

$$D = \{(u, v) \mid b < u < a,\ 0 < v < kh(u)\}$$

が不変領域になるように定数 k を選ぼう．まず，$b < u < a$，$v = 0$ 上では $u_z = 0$，$v_z = ch(u)/d_2 > 0$ となっているので，$b < u < a$，$v = 0$ からは解

軌道は D 内に入っていくことがわかる．D の境界 $v = kh(u)$ での内向き法線ベクトルは $n = {}^t(kh'(u), -1)$ であることに注意すると，$b < u < a$ で，

$$\begin{pmatrix} u_z \\ v_z \end{pmatrix} \cdot n = \frac{\beta k^2 h(u)}{c} \left(\frac{\gamma}{\beta} - u \right) + \frac{c(k-1)}{d_2} h(u)$$

$$= -\frac{h(u)}{cd_2} \left(d_2(\beta u - \gamma)k^2 - c^2 k + c^2 \right)$$

$$> -\frac{h(u)}{cd_2} \left(d_2(\beta a - \gamma)k^2 - c^2 k + c^2 \right)$$

が成り立つので，$k = c^2/(2d_2(\beta a - \gamma))$ ととると，

$$\begin{pmatrix} u_z \\ v_z \end{pmatrix} \cdot n > \frac{ch(u)}{4d_2^2(\beta a - \gamma)} \left(c^2 - 4d_2(\beta a - \gamma) \right)$$

となる．$c \geq 2\sqrt{d_2(\beta a - \gamma)}$ のとき上式は非負とできる．これらを合わせると，D が正不変領域となることがわかるので，$(b, 0)$ を出発する軌道は D に入り，有限の z において D から出ることはなく，$(a, 0)$ に収束することがわかる．以上のように $d_1 = 0$ のとき最小速度 c_* は，

$$c_* = 2\sqrt{d_2(\beta a - \gamma)} \tag{8.7}$$

とわかる．

$d_1 = d_2 = d > 0$，$\gamma = 0$ の場合は，二つの方程式の和をとると

$$(u + v)_t = d(u + v)_{xx}$$

となり，感受性人口（未感染者数）u と感染者数 v の和が定数 a とすると，$u = a - v$ となるので，v の方程式から

$$v_t = dv_{xx} + \beta(a - v)v$$

というフィッシャー・KPP 方程式が得られる．この進行波解は第 6.1 節でみたように最小速度 $2\sqrt{d\beta a}$ となる．これは (8.7) の特殊な場合になっている．

次に拡散係数が等しくない場合に第6.1節で取り上げた線形予測を用いて進行波解の速度を計算しよう. 進行波は, x が正の方向に進んでいる ($s > 0$) とし, 感受性人口の密度が $x \to \infty$ では $u = a$ としよう. (8.4) の第2式に代入して,

$$v_t = d_2 v_{xx} + (\beta a - \gamma) v$$

となる. これは感染者がいない地域へ感染がちょうど広がろうとする地点での方程式と考えられる. この方程式の進行波解の最小速度 s_* は,

$$s_* = 2\sqrt{d_2(\beta a - \gamma)}$$

となると期待される. $d_1 = 0$ の場合に得られた最小速度 (8.7) が $d_1 > 0$ でも成り立つことを示唆している. 実際, 細野・イリアス (Hosono-Ilyas) [31] では, $\beta a/\gamma > 1$ のとき最小速度は上式で与えられることが示されている. また $\beta a/\gamma \leq 1$ のとき進行波解が存在しないことも示されている. 基本再生産数 $\beta a/\gamma$ は伝播においても重要な役割を果たしている. 死亡率 γ が大きいと伝染速度が速くなるように考えがちだが, 最小速度の式からわかるように遅いことがわかる.

この節の最後に, 単調でない進行波解の例を挙げよう. 狂犬病の伝播に関する Murray, Stanley, Brown による研究 [34] を紹介しよう. 狂犬病は, 狐, 犬, コウモリなどを伝染動物として感染が広がる. 犬などの動物を介して人に感染することもあり, 暴露するとほとんど死に至るため恐れられている. ヨーロッパでは, 年30–60kmの速度で進行している. この伝播では変動しながら減衰していく特徴をもっている. マレー (Murray) らは, 感受性のある狐の数 S, 伝染性のない感染狐の数 I, 伝染性のある感染狐の数 R の方程式

$$\begin{cases} S_t = (a-b)\left(1 - \dfrac{S}{K}\right)S - \beta SR, \\ I_t = \beta SR - \sigma I - \left(b + (a-b)\dfrac{S+I+R}{K}\right)I, \\ R_t = d\Delta R - \alpha R + \sigma I - \left(b + (a-b)\dfrac{S+I+R}{K}\right)R \end{cases} \quad (8.8)$$

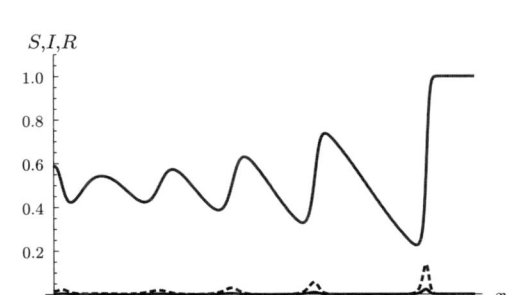

図 8.1 方程式 (8.8) の数値解. 大きな実線が S, 破線が I, 小さな実線が R を表しており, 右に伝播しているのがわかる.

を提案し, 狂犬病の伝播にあうようなパラメータの設定を行っている. 無次元化して数値計算すると図 8.1 のような減衰振動する進行波解が見つかる.

8.3　フィッツフュー・南雲方程式

第 2 章で取り上げたフィッツフュー・南雲方程式

$$\begin{cases} u_t = u_{xx} + f(u) - v, \\ v_t = \alpha u - \beta v \end{cases} \tag{8.9}$$

を考えよう. 簡単のため, $\beta = 0$ とすると, (8.9) の進行波解は

$$\begin{cases} -cu' = u'' + f(u) - v, \\ -cv' = \alpha u \end{cases} \tag{8.10}$$

をみたす.

　フィッツフュー・南雲方程式の進行波解を調べるために, リンゼル・ケラー (Rinzel-Keller) [41] は f として区分的線形な非線形項を用いた. 区分的に線形な非線形関数を用いることは, ときに有力な手法となるので紹介しておこう.

$$f(u) = -u + H(u-a) = \begin{cases} -u+1 & (u > a), \\ -u & (u < a) \end{cases}$$

とおく．ここで H はヘビサイド関数とし，$0 < a < 1/2$ とする．関数のグラフを描くとわかるように，3次関数 $u(1-u)(u-a)$ のグラフと似ている．f が区分的線形な関数とすると，(8.10) は，

$$-cu'' = u''' - u' + \frac{\alpha}{c}u \tag{8.11}$$

をみたす．ここで，この方程式が成り立つのは，$u \neq a$ のときであることに注意しておく．特性方程式は

$$p(\lambda) := \lambda^3 + c\lambda^2 - \lambda + \frac{\alpha}{c} = 0$$

となる．左辺のグラフは，3次関数で極値をとる λ が正と負に分かれている．特性方程式の根を λ_j $(j=1,2,3)$ とすると

$$\lambda_1 < 0 < \lambda_2 \leq \lambda_3$$

あるいは，

$$\lambda < 0, \quad \lambda_2 = \overline{\lambda_3}, \quad \mathrm{Re}\,\lambda_2 > 0$$

となる．ここでは，

$$\lambda_1 < 0 < \lambda_2 < \lambda_3$$

の場合のみ取り扱う．(8.11) の一般解は，

$$u = c_1 e^{\lambda_1 z} + c_2 e^{\lambda_2 z} + c_3 e^{\lambda_3 z}$$

と表されるが，f の不連続のため $u = a$ となる z が存在すると係数を取り替える必要がある．そこで，2点 z_1, z_2 $(z_1 < z_2)$ で $u = a$ となるとしよう．平行移動して $z_2 = 0$ としておく．すると，$z \to \infty$ の挙動から，$z > 0$ では $e^{\lambda_1 z}$ のみを含むことがわかるので，

$$u = \begin{cases} ae^{\lambda_1 z}, & z_2 = 0 < z, \\ b_1 e^{\lambda_1 z} + b_2 e^{\lambda_2 z} + b_3 e^{\lambda_3 z}, & z_1 < z < z_2 = 0, \\ c_1 e^{\lambda_1 z} + c_2 e^{\lambda_2 z} + c_3 e^{\lambda_3 z}, & z < z_1 \end{cases}$$

とおける．$z = z_1, z_2$ での連続性，導関数の連続性より

$$b_1 + b_2 + b_3 = a, \tag{8.12}$$
$$b_1 e^{\lambda_1 z_1} + b_2 e^{\lambda_2 z_1} + b_3 e^{\lambda_3 z_1} = c_1 e^{\lambda_1 z_1} + c_2 e^{\lambda_2 z_1} + c_3 e^{\lambda_3 z_1} = a, \tag{8.13}$$
$$b_1 \lambda_1 + b_2 \lambda_2 + b_3 \lambda_3 = a\lambda_1, \tag{8.14}$$
$$b_1 \lambda_1 e^{\lambda_1 z_1} + b_2 \lambda_2 e^{\lambda_2 z_1} + b_3 \lambda_3 e^{\lambda_3 z_1} = c_1 \lambda_1 e^{\lambda_1 z_1} + c_2 \lambda_2 e^{\lambda_2 z_1} + c_3 \lambda_3 e^{\lambda_3 z_1} \tag{8.15}$$

となる．また，$z = z_1, z_2$ で

$$\lim_{z \to z_2+0} f(u(z)) = -a, \quad \lim_{z \to z_2-0} f(u(z)) = 1-a,$$
$$\lim_{z \to z_1+0} f(u(z)) = 1-a, \quad \lim_{z \to z_1-0} f(u(z)) = -a$$

となっているので，u'' は

$$\lim_{z \to z_2-0} u'' = \lim_{z \to z_2+0} u'' - 1, \quad \lim_{z \to z_1-0} u'' = \lim_{z \to z_1+0} u'' + 1$$

をみたしている．つまり，

$$b_1 \lambda_1^2 + b_2 \lambda_2^2 + b_3 \lambda_3^2 = a\lambda_1^2 - 1, \tag{8.16}$$
$$b_1 \lambda_1^2 e^{\lambda_1 z_1} + b_2^2 \lambda_2 e^{\lambda_2 z_1} + b_3^2 \lambda_3 e^{\lambda_3 z_1} + 1 = c_1 \lambda_1^2 e^{\lambda_1 z_1} + c_2 \lambda_2^2 e^{\lambda_2 z_1} + c_3 \lambda_3^2 e^{\lambda_3 z_1} \tag{8.17}$$

が成り立つ．したがって，b_1, b_2, b_3 については，(8.12), (8.14), (8.16) より，

$$\begin{pmatrix} 1 & 1 & 1 \\ \lambda_1 & \lambda_2 & \lambda_3 \\ \lambda_1^2 & \lambda_2^2 & \lambda_3^2 \end{pmatrix} \begin{pmatrix} b_1 \\ b_2 \\ b_3 \end{pmatrix} = \begin{pmatrix} a \\ a\lambda_1 \\ a\lambda_1^2 - 1 \end{pmatrix}$$

とまとめられるので

$$b_1 = a + \frac{1}{(\lambda_3 - \lambda_1)(\lambda_1 - \lambda_2)} = a - \frac{1}{p'(\lambda_1)},$$

$$b_2 = \frac{1}{(\lambda_1-\lambda_2)(\lambda_2-\lambda_3)} = -\frac{1}{p'(\lambda_2)},$$
$$b_3 = \frac{1}{(\lambda_2-\lambda_3)(\lambda_3-\lambda_1)} = -\frac{1}{p'(\lambda_3)}$$

が得られる．同様に c_1, c_2, c_3 については，(8.13), (8.15), (8.17) より，

$$\begin{pmatrix} 1 & 1 & 1 \\ \lambda_1 & \lambda_2 & \lambda_3 \\ \lambda_1^2 & \lambda_2^2 & \lambda_3^2 \end{pmatrix} \begin{pmatrix} (c_1-b_1)e^{\lambda_1 z_1} \\ (c_2-b_2)e^{\lambda_2 z_1} \\ (c_3-b_3)e^{\lambda_3 z_1} \end{pmatrix} = \begin{pmatrix} 0 \\ 0 \\ 1 \end{pmatrix}$$

となり，$j=1,2,3$ に対して

$$c_j = b_j + \frac{e^{-\lambda_j z_1}}{p'(\lambda_j)}$$

が得られる．一方，$z \to -\infty$ の挙動から，$z < z_1$ では $e^{\lambda_2 z}$, $e^{\lambda_3 z}$ のみを含むので $c_1 = 0$ とわかる．上式と (8.13) より

$$e^{-\lambda_1 z_1} = 1 - ap'(\lambda_1),$$
$$b_1 e^{\lambda_1 z_1} + b_2 e^{\lambda_2 z_1} + b_3 e^{\lambda_3 z_1} = a$$

が，z_1, c を決定する条件となっている．

$$s = 1 - ap'(\lambda_1) = e^{-\lambda_1 z_1}$$

として整理すると

$$2 - s + \frac{p'(\lambda_1)}{p'(\lambda_2)} s^{-\lambda_2/\lambda_1} + \frac{p'(\lambda_1)}{p'(\lambda_3)} s^{-\lambda_3/\lambda_1} = 0 \qquad (8.18)$$

が得られる．この関数を a と c のグラフで表すと図 8.2 となる．また，進行波解の形状は，図 8.3 のようになっている．速度の速い進行波解と速度の遅い進行波解が共存することが見てとれる．これまで f が区分的線形な関数を用いたが，3 次関数でも同様の結果が知られている．

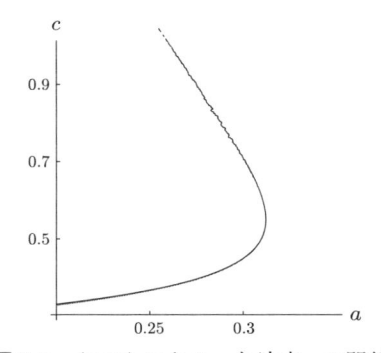

図 8.2 (8.18) による a と速度 c の関係.

(a) 遅い進行波解の形状 (b) 速い進行波解の形状

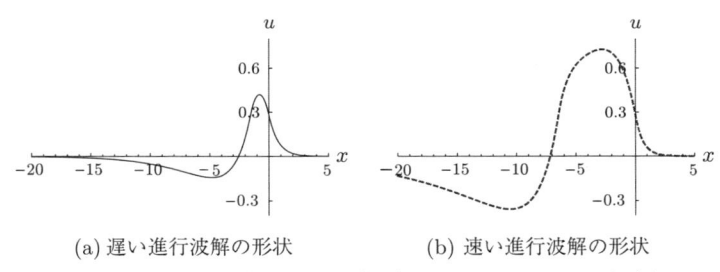

図 8.3 (8.9) の進行波解の形状 ($\alpha = 0.1$, $a = 2.8$ のとき).

演習問題

8.1 常微分方程式系とそれに拡散とノイマン境界条件を加えた反応拡散系を比較しよう．常微分方程式系の定常解は反応拡散系の定数定常解となるが，安定性は必ずしも遺伝しない．つまり，拡散項をつけることで，定数定常解が不安定化することが知られている．この現象は，**チューリング (Turing) の不安定性**と呼ばれる．これを以下の例で確認せよ．

常微分方程式系

$$\begin{cases} u_t = u - v, \\ v_t = 3u - 2v \end{cases}$$

において $(0,0)$ は漸近安定であるが，区間 $\Omega = [0,1]$ 上でノイマン境界条件下の反応拡散系

第 8 章 反応拡散系の進行波解

$$\begin{cases} u_t = d_1\Delta u + u - v, \\ v_t = d_2\Delta v + 3u - 2v \end{cases}$$

では，$(0,0)$ が不安定になるような正数 d_1, d_2 が存在する．

8.2 (8.4) の変形として，

$$\begin{cases} u_t = u_{xx} - (1+kv)uv, \\ v_t = v_{xx} + (1+kv)uv \end{cases}$$

を考えよう．この方程式の速度 c の進行波解 (U,V) が

$$(U,V)(\infty) = (1,0)$$

をみたすとすると，

$$V_{zz} + cV_z + V(1-V)(1+kV) = 0$$

をみたし，$k \geq 2$ のとき最小速度は $\sqrt{2/k} + \sqrt{k/2}$ となることを示せ．つまり，線形予測が成り立たないことを確認せよ．

8.3 注意 7.4 で得られたフィッツフュー・南雲型方程式の極限方程式 (7.18) を 1 次元空間で考えよう．つまり，

$$\begin{cases} V = a - bv, \\ v_t = g(\chi_{\Omega(t)}, v) \end{cases}$$

を考える．ここで $\Omega(t)$ は区間 $[\ell_L(t), \ell_R(t)]$ とする．この方程式の進行波解を構成せよ．

第 A 章

力学系からの準備

　この章では，安定多様体や不安定多様体など不変多様体の構成の概要を説明しよう．まず簡単な例を取り上げて説明する．

$$\begin{cases} x' = x, \\ y' = -y \end{cases} \tag{A.1}$$

を考えよう．定常解 $(0,0)$ をもち，解の挙動は図 A.1 のようになる．図からわかるように，$t \to -\infty$ のとき定常解 $(0,0)$ に近づく初期値の集合 $\{(x,0) \mid x \in \mathbb{R}\}$ と $t \to \infty$ のとき $(0,0)$ に近づく初期値の集合 $\{(0,y) \mid y \in \mathbb{R}\}$ が存在することがわかる．この集合から出発する解は，ずっとこの集合にとどまっている．つまり，方程式から定まる半群の作用によってこの集合

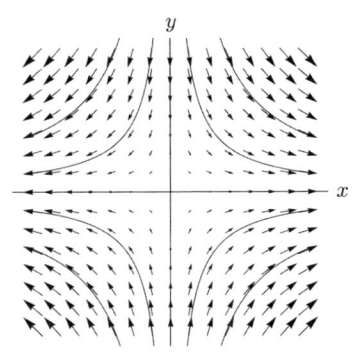

図 **A.1** (A.1) の解の挙動．矢印はベクトル場を表し，実線は軌道を表している．

は不変になるということができる．このような集合は一般的な微分方程式にも存在し，前者を**不安定多様体**，後者を**安定多様体**という．この例の場合，方程式の定常解のまわりでの線形化方程式も同じ方程式であり，固有値は 1 と -1 をもつことがわかる．安定多様体は固有値 1 に対応する固有空間に接し，不安定多様体は固有値 -1 に対応する固有空間に接する不変多様体となっている（この場合は方程式が線形なので不変多様体と固有空間が一致する）．

次に

$$\begin{cases} x' = -x^3, \\ y' = -y \end{cases} \tag{A.2}$$

を考えてみよう．定常解 $(0,0)$ をもち，解の挙動は図 A.2 のようになる．この例の場合，方程式の定常解のまわりでの線形化方程式は

$$\begin{cases} x' = 0, \\ y' = -y \end{cases}$$

で与えられ，固有値は 0 と -1 をもつことがわかる．**中心多様体**は固有値 0（正確には実部 0）に対応する固有空間に接するものを指す．(A.2) の解軌道は，

$$\frac{dy}{dx} = \frac{y}{x^3}$$

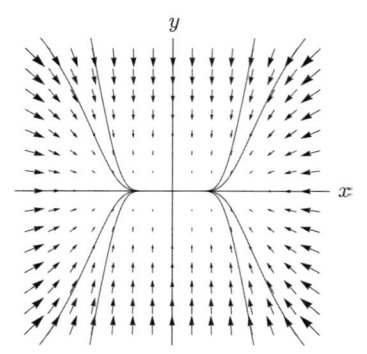

図 **A.2** (A.2) の解の挙動．矢印はベクトル場を表し，実線は，軌道を表している．

をみたすので
$$y = Ce^{-1/(2x^2)}$$
とわかる．上式からもわかるように，中心多様体は一意的に決まるとは限らない．

最後に
$$\begin{cases} x' = -x, \\ y' = -3y \end{cases} \tag{A.3}$$
を考えよう．定常解 $(0,0)$ をもち，解の挙動は図 A.3 のようになる．この例の場合，線形化方程式の固有値は -1 と -3 をもつことがわかる．この場合は固有値が虚軸をまたいで存在していないが，このような場合でも適応できる一般的な構成を以下で行う．つまり，固有値 -1 （あるいは -3）に対応する固有空間に接する不変多様体の構成をする．

まず，関数空間上に拡張しよう．

[**定義 A.1**] バナッハ空間 V 上の線形作用素 A が角域 (sectorial) 作用素とは，定義域が稠密な閉作用素で，ある定数 $\phi \in (\pi/2, \pi)$ と $M \geq 1, a \in \mathbb{R}$ が存在し，λ が
$$S_{a,\phi} = \{\lambda \in \mathbb{C} \mid |\arg(\lambda - a)| \leq \phi, \lambda \neq a\}$$

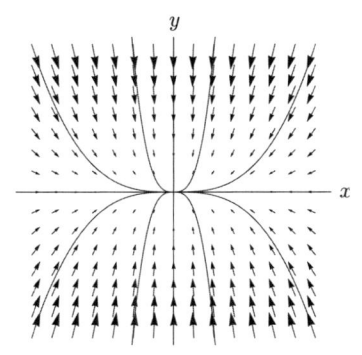

図 A.3 (A.3) の解の挙動．矢印はベクトル場を表し，実線は軌道を表している．

に属するとき
$$\|(\lambda - A)^{-1}\| \leq \frac{M}{|\lambda - a|}$$
が成り立つことである.

バナッハ空間 V 上の方程式
$$\begin{cases} u_t = Au + f(u), \\ u(0) = u_0 \end{cases} \tag{A.4}$$
を考える. ここで A は角域作用素, レゾルベントはコンパクトとする. [26] では A の符号を取り替えたものを用いていることに注意しておく. 安定性を考える際, 符号を取り替えるとわかりにくくなってしまうので, ここでは符号を反転させて取り扱っている. A を $\Delta|_{H^1(\Omega)}$ などととることにより, 放物型方程式を取り扱うことができる. この例でもわかるように, スペクトルは $-\infty$ に発散するような状況を考えている. A から生成される半群を e^{At} と表すことにする. 以下を仮定して (A.4) を考えよう.

A1 f はリプシッツ連続, 有界かつ $f(0) = 0$.
A2 $V = V^- \oplus V^+$. ここで $V^\pm$ は A で不変で, $\dim V^+ < \infty$.
A3 $A^\pm = A|_{V^\pm}$ とおく.
$$\|e^{A^- t}\| \leq M_1 e^{\alpha^- t} \quad (t \geq 0),$$
$$\|e^{A^+ t}\| \leq M_2 e^{\alpha^+ t} \quad (t \leq 0)$$
となる定数 $M_i > 0 \ (i = 1, 2), \ \alpha^- < \alpha^+$ が存在する.
A4 $\alpha^+ - \alpha^- - 4K > 0$. ここで, $P^\pm$ は V から $V^\pm$ への射影, $K^\pm$ は $P^\pm f$ のリプシッツ定数で, $K = \max\{K^+, K^-\}$ としている.

f のリプシッツ連続性から (A.4) の解の存在が従い, 定数変化法を用いて解は
$$u(t) = e^{At} u_0 + \int_0^t e^{A(t-s)} f(u(s)) ds$$

と表される．この仮定のもと，解は大域的に存在し，V上に定義される写像

$$S(t):\ u(0) \longrightarrow u(t)$$

が半群になる．

定常解u^*のまわりの安定多様体や不安定多様体などを考える場合，Aにはfの線形部分$Df(u^*)$を含めておく．すると，$f(u) = O(\|u - u^*\|^2)$となる．方程式をu^*の近傍Uに制限すれば，fのリプシッツ係数を小さくすることができるので，$\alpha_+ > \alpha_-$であれば仮定A4はみたされるようになる．

仮定**A4**から

$$\alpha^+ - \alpha^- - K(1+l) - K(1 + \frac{1}{l}) > 0 \tag{A.5}$$

をみたす実数lがとれる．$\gamma^\pm$を

$$\gamma^+ := \alpha^+ - K(1+l), \quad \gamma^- := \alpha^- + K(1 + \frac{1}{l})$$

とおいてγを

$$\gamma^+ = \alpha^+ - K(1+l) > \gamma > \alpha^- + K(1 + \frac{1}{l}) = \gamma^-$$

となるように選んでおく．

先の例(A.1)では$\alpha_- = -1$ととればよいが，α_+は非線形項のため$\alpha_+ = -1/4$などと粗く評価しよう．すると$\gamma = -1/2$ととれる．また(A.3)では$\alpha_- = -3, \alpha_+ = -1, \gamma = -2$ととれることに注意しておく．

補題 A.2（グロンウォール(Gronwall)の不等式）　連続関数$a, b : [0, T] \to [0, \infty)$は$0 \le \tau \le t \le T$に対して

$$\begin{cases} a(\tau) \le a(t) + \kappa_1 \int_\tau^t a(s)ds, \\ b(t) \le b(\tau) + \kappa_2 \int_\tau^t b(s)ds \end{cases}$$

をみたすような正定数 κ_1, κ_2 が存在すると仮定しよう．このとき

$$\begin{cases} a(t) \geq a(\tau)e^{-\kappa_1(t-\tau)}, \\ b(t) \leq b(\tau)e^{\kappa_2(t-\tau)} \end{cases}$$

が成り立つ．

証明は簡単なので省略する．

方程式 (A.4) を $P^{\pm}$ を用いて分解しよう．$w := F^+ u, z := P^- u$ は，

$$\begin{cases} w_t = A^+ w + P^+ f(w+z), \\ z_t = A^- z + P^- f(w+z) \end{cases} \quad (\text{A.6})$$

をみたす．これを積分形で書くと $\tau < t$ に対して

$$\begin{cases} w(\tau) = e^{A^+(\tau-t)}w(t) + \int_t^{\tau} e^{A^+(\tau-s)} P^+ f(w(s)+z(s))ds, \\ z(t) = e^{A^-(t-\tau)}z(\tau) + \int_{\tau}^{t} e^{A^-(t-s)} P^- f(w(s)+z(s))ds \end{cases} \quad (\text{A.7})$$

となる．方程式 (A.6) の 2 つの解 $u^i := w^i + z^i$ $(i=1,2)$ に対して，

$$w = w^1 - w^2, \quad z = z^1 - z^2$$

とおいて，(A.7) を仮定 **A1**, **A3** を用いて変形すると $\tau < t$ に対して

$$\begin{cases} \|w(\tau)\|e^{-\alpha^+ \tau} \leq \|w(t)\|e^{-\alpha^+ t} + K \int_{\tau}^{t} (\|w(s)\| + \|z(s)\|)e^{-\alpha^+ s}ds, \\ \|z(t)\|e^{-\alpha^- t} \leq \|z(\tau)\|e^{-\alpha^- \tau} + K \int_{\tau}^{t} (\|w(s)\| + \|z(s)\|)e^{-\alpha^- s}ds \end{cases}$$
$$(\text{A.8})$$

となる．グロンウォールの不等式から次の補題が従う．

補題 A.3

(i) $0 \leq s \leq t$ で
$$l\|w(s)\| \leq \|z(s)\|$$
が成り立つならば，
$$\|z(t)\| \leq \|z(s)\|e^{\gamma^-(t-s)}$$
となる．

(ii) $0 \leq s \leq t$ で
$$\|z(s)\| \leq l\|w(s)\|$$
が成り立つならば，
$$\|w(t)\| \geq \|w(s)\|e^{\gamma^+(t-s)}$$
となる．

定理 A.4 (不変多様体の存在)
A1–**A4** を仮定する．このとき，
$$W^s := \{u \in V \mid \lim_{t \to \infty} e^{-\gamma t} S(t)u = 0\}$$
は，V^- から V^+ へのリプシッツ写像 Φ^s が存在し，$W^s = \mathrm{graph}\,\Phi^s$，$\Phi^s(0) = 0$ をみたす不変多様体となる．

また，
$$W^u := \{u \in V \mid \lim_{t \to -\infty} e^{-\gamma t} S(t)u = 0\}$$
は，V^+ から V^- へのリプシッツ写像 Φ^u が存在し，$W^u = \mathrm{graph}\,\Phi^u$，$\Phi^u(0) = 0$ をみたす不変多様体となる．

$\alpha^+ > 0 > \alpha^-$ のときは，W^s が安定多様体に対応し，W^u が不安定多様体に対応していることに注意しておく．この定理は，中心多様体も含む形になっている．

証明の概要を述べよう． Φ^s は

$$\begin{cases} \Phi^s(z(0)) = -\int_0^\infty e^{-A^+ s} P^+ f(\Phi^s(z(s)) + z(s)) ds, \\ z_t = A^- z + P^- f(\Phi^s(z) + z) \end{cases} \quad (A.9)$$

を，Φ^u は

$$\begin{cases} \Phi^u(z(0)) = -\int_{-\infty}^0 e^{-A^- s} P^- f(w(s) + \Phi^u(w(s))) ds, \\ w_t = A^+ w + P^+ f(w + \Phi^u(w)) \end{cases} \quad (A.10)$$

をみたすように構成する．そのため，(A.9) および (A.10) の右辺の写像をそれぞれ T^s, T^u として，T^s, T^u の不動点として Φ^s, Φ^u を構成する．T^s, T^u が縮小写像となる条件として，仮定や補題 A.3（あるいはその証明と同様の計算）が必要になる．たとえば，Φ^s のリプシッツ係数を l より小さいとすると，(A.8) より，$z_{0i} = z^i(0)$, $w^i = \Phi^s(z^i)$ とおくと

$$\begin{aligned} \|T^s(z_{01}) - T^s(z_{02})\| &\leq K \int_0^\infty (\|w(s)\| + \|z(s)\|) e^{-\alpha^+ s} ds \\ &\leq K \int_0^\infty (l+1) \|z(s)\| e^{-\alpha^+ s} ds \\ &\leq K(l+1) \int_0^\infty \|z_{01} - z_{02}\| e^{-(\alpha^+ - \alpha^- - K(1+l^{-1}))s} ds \\ &\leq \frac{K(l+1)}{\alpha^+ - \alpha^- - K(1+l^{-1})} \|z_{01} - z_{02}\| \end{aligned}$$

となる．この係数は，(A.5) より 1 より小さくなるので，縮小写像であることが従う．Φ^u も同様に示すことができる．

以上のようにして，安定多様体，不安定多様体，中心多様体などの不変多様体を構成することができる．Φ^u は，(A.6) より

$$D\Phi^u(w)(A^+ w + P^+ f(w + \Phi^u(w))) = A^- \Phi^u(w) + P^- f(w + \Phi^u(w))$$

をみたす．これを定常解のまわりでテイラー展開することにより，解の挙動を求めたり，分岐理論を示したりすることができる．

第 B 章

関数解析学からの準備

ここでは，関数解析学の定義や定理を補足しておく．k 階までの超関数の意味での導関数がすべて $L^2(\Omega)$ に属するものの空間を $H^k(\Omega)$ と定義する．つまり，
$$H^k(\Omega) = \{f \in L^2(\Omega) \mid \partial_x^\alpha f \in L^2(\Omega), \quad |\alpha| \leq k\}$$
である．ここで，$\alpha = (\alpha_1, \ldots, \alpha_N) \in (\mathbb{N} \cup \{0\})^N$ に対して，
$$\partial_x^\alpha = \left(\frac{\partial}{\partial x_1}\right)^{\alpha_1} \cdots \left(\frac{\partial}{\partial x_N}\right)^{\alpha_N}, \quad |\alpha| = \alpha_1 + \cdots + \alpha_N$$
と定義している．また，$H^k(\Omega)$ のノルムとして，
$$\|f\|_{H^k(\Omega)} := \sum_{|\alpha| \leq k} \int_\Omega |\partial_x^\alpha f(x)|^2 \, dx$$
を用いてバナッハ空間になっている．$C_0^\infty(\Omega)$ のこのノルムによる閉包を $H_0^k(\Omega)$ で表す．非負整数 k と $\alpha \in (0,1)$ に対して，$C^{k,\alpha}$ は，k 階導関数が α 次のヘルダー (Hölder) 連続関数の集合とし，そのノルムを
$$\|u\|_{C^{0,\alpha}(\Omega)} := \sup_{x,y \in \Omega, x \neq y} \frac{|u(x) - u(y)|}{|x-y|^\alpha},$$
$$\|u\|_{C^{k,\alpha}(\Omega)} := \sum_{|\nu|=k} \sup_{x,y \in \Omega, x \neq y} \frac{|\partial_x^\nu u(x) - \partial_x^\nu u(y)|}{|x-y|^\alpha} + \sum_{|\nu| \leq k-1} \sup_{x \in \Omega} |\partial_x^\nu u(x)|$$

と定める.

第5章で用いる関数空間 $C^{j;k}(Q)$ ($j, k \in \mathbb{N} \cup \{0\}$) を定義しよう. 空間 x と時間 t の $N+1$ 次元空間 $\mathbb{R}^N \times \mathbb{R}$ の領域 Q に対して

$$C^{j;k}(Q) = \{u \in C^0(Q) \mid |\alpha| \leq j,\ 0 \leq \beta \leq k \text{ に対して} \partial_x^\alpha u, \partial_t^\beta u \in C^0(Q)\}$$

と定義する.

定理 B.1 (ソボレフ (Sobolev) の埋め込み定理)

$$-\frac{N}{q} < k - \frac{N}{p}$$

のとき,

$$W^{k,p}(\Omega) \subset L^q(\Omega)$$

となり,任意の $u \in W^{k,p}(\Omega)$ に対して

$$\|u\|_{L^q(\Omega)} \leq C_1 \|u\|_{W^{k,p}(\Omega)}$$

が成り立つような正定数 C_1 が存在する.

$$m + \alpha < k - \frac{N}{p}$$

となる非負整数 m と $\alpha \in [0, 1)$ が存在するとき,

$$W^{k,p}(\Omega) \subset C^{m,\alpha}(\Omega)$$

となり,任意の $u \in W^{k,p}(\Omega)$ に対して

$$\|u\|_{C^{m,\alpha}(\Omega)} \leq C_2 \|u\|_{W^{k,p}(\Omega)}$$

が成り立つような正定数 C_2 が存在する.ただし $\alpha = 0$ のときは,$C^{m,0}(\Omega)$ を $C^m(\Omega)$ と置き換える.

(5.1) で与えられる楕円型作用素 L に対して,以下の定理が成り立つ.

定理 B.2 (楕円型方程式の内部先験的評価)
L の係数や h は滑らかとし,$f \in H^k(\Omega)$ とする.$\Omega_1 \Subset \Omega_2 \Subset \Omega$ のとき,

$$Lu + hu = f$$

の弱解 u は $H^{k+2}(\Omega)$ に属し,

$$\|u\|_{H^{k+2}(\Omega_1)} \leq C(\|u\|_{L^2(\Omega_2)} + \|f\|_{H^k(\Omega_2)})$$

が成り立つような正定数 C が存在する.

定理 B.3 (楕円型方程式の大域的先験的評価)
Ω,L の係数や h は滑らかとし,$f \in H^k(\Omega)$ とする.楕円型方程式

$$Lu + hu = f$$

およびノイマン境界条件をみたす弱解 $u \in H^1(\Omega)$(ディリクレ境界条件のとき $u \in H_0^1(\Omega)$)は $H^{k+2}(\Omega)$ に属し,

$$\|u\|_{H^{k+2}(\Omega)} \leq C(\|u\|_{L^2(\Omega)} + \|f\|_{H^k(\Omega)})$$

が成り立つような正定数 C が存在する.

定理 B.4 (楕円型方程式のシャウダー (Schauder) 評価)
$u \in C^2(\Omega)$ が $f \in C^{k,\alpha}(\Omega)$ として $L[u] + hu = f$ をみたすとする.$\Omega_1 \Subset \Omega_2 \Subset \Omega$ に対して,

$$\|u\|_{C^{k+2,\alpha}(\Omega_1)} \leq C(\|u\|_{C^0(\Omega_2)} + \|f\|_{C^{k,\alpha}(\Omega_2)})$$

が成り立つような正定数 C が存在する.

定理 B.5 (放物型方程式のシャウダー評価)
$a_{ij}, b_j, h \in C^{0,\alpha}(\Omega)$,$u_t + L[u] + hu = f \in C^{0,\alpha;0,\alpha/2}(Q)$,$Q_1 \Subset Q_2 \Subset Q$ のとき,$\mathrm{dist}(\Omega_1, \partial\Omega_2) \geq d > 0$ として,$u \in C^{2,1}(Q)$ は,

$$\|u\|_{C^{2,\alpha;1,\alpha/2}(Q_1)} \leq C\left(\|u\|_{C^0(Q_2)} + \|f\|_{C^{0,\alpha}(Q_2)}\right)$$

が成り立つような正定数 C が存在する.

定理 B.6（楕円型方程式の大域的シャウダー評価） Ω が $C^{2,\alpha}$ 級とし，L の係数，h は滑らかとする．$f \in C^{k,\alpha}(\Omega)$, $g \in C^{k+2,\alpha}(\partial\Omega)$ として $u \in C^2(\Omega)$ が Ω 上 $L[u] + hu = f$ および $\partial\Omega$ 上 $u = g$ をみたすとする．このとき，

$$\|u\|_{C^{k+2,\alpha}(\Omega)} \leq C(\|u\|_{C^0(\Omega)} + \|f\|_{C^{k,\alpha}(\Omega)} + \|g\|_{C^{k+2,\alpha}(\partial\Omega)})$$

が成り立つような正定数 C が存在する．

ly
第 C 章

数値計算法

　反応拡散系を解析する際には，数値計算は欠かせない．数値計算をハードルが高いと感じる人も多いようだが，アルゴリズムがはっきりしていれば難しくはない．逆に，アルゴリズムがはっきりしない問題において，数値計算しようと考えると問題点がクリアになったり，解の存在証明の方針がはっきりしたりすることもある．

　ここでは，熱方程式を題材に数値計算する方法を紹介する．まず，空間1次元の場合を説明し，空間2次元の場合へと発展させる．数値解析の専門的な内容には立ち入らないので，数値計算法や数値解析の教科書を参考にしてほしい．

C.1 陽解法

　反応拡散系でも使えるように非斉次項を加えた熱方程式

$$\begin{cases} u_t = du_{xx} + f(x,t) & (0 < x < L, t > 0), \\ u_x(0,t) = u_x(L,t) = 0 \end{cases} \tag{C.1}$$

の差分法を紹介しよう．空間および時間を離散化しよう．つまり，空間の区間 $[0, L]$ を J 個に分割し，時間の区間 $[0, T]$ を N 分割する．$\Delta x = L/J$, $\Delta t = T/N$ として，$x_j = j\Delta x$ $(j = 0, \ldots, J)$, $t_n = n\Delta t$ $(n = 0, \cdots, N)$ となる格子点をとる．ここで Δ を用いているが，これはラプラス作用素ではなく，Δt, Δx は小さな正数を意味しているので混同しないように注意してほしい．また，t_n, x_j など下付添え字を用いているが，j, n に関する微分でないこと

にも注意しておく．Δt や Δx を小さくしていくと $u(x,t)$ の値を計算するには，$t \approx n\Delta t$，$x \approx j\Delta x$ となるように n や j をどんどん大きくする必要があることを意識しておこう．

$u(x,t)$ を1つの格子のどの点で計算するかは計算法に依存する．$((j-1/2)\Delta x, n\Delta t)$ で計算した方が境界条件の違いによらず統一的に扱えるので便利であるが，理解しにくいと思われるので，ここでは格子点上での値を計算することにする．$u(x_j, t_n)$ の近似値 u_j^n を熱方程式 (C.1) から求めよう．差分した方程式のテイラー展開（あるいは極限）がもとの方程式となっていればよいが，差分の方法は一意的ではない．たとえば，u^2 を近似するには $(u_j^n)^2$ が簡単であるが，$u_j^n u_j^{n+1}$，$(u_{j-1}^n + u_{j+1}^n) u_j^{n+1}/2$ などさまざまな近似が考えられる．問題に依存して近似の方法は決めることになる．

まず，u_t を

$$\frac{u_j^{n+1} - u_j^n}{\Delta t}$$

と近似しよう．Δt を 0 に近づけると

$$\lim_{\Delta t \to 0} \frac{u(x_j, t_{n+1}) - u(x_j, t_n)}{\Delta t} = \lim_{\Delta t \to 0} \frac{u(x_j, t_n + \Delta t) - u(x_j, t_n)}{\Delta t} = u_t$$

となることから，この近似は妥当であることがわかる．ここで，Δt を 0 に近づけると n も無限に大きくなっていくことに再度注意しておく．

次に，u_{xx} を近似しよう．u_t の近似と似ているが少し変更して，

$$u_{xx}(x_j, t_n) \approx \frac{u_x(x_j + \Delta x/2, t_n) - u_x(x_j - \Delta x/2, t_n)}{\Delta x}$$

と考えることもできる．ここでは，近似する点を格子点ではなく $\Delta x/2$ ずらしている．同様に

$$u_x(x_j + \Delta x/2, t_n) \approx \frac{u(x_j + \Delta x, t_n) - u(x_j, t_n)}{\Delta x},$$

$$u_x(x_j - \Delta x/2, t_n) \approx \frac{u(x_j, t_n) - u(x_j - \Delta x, t_n)}{\Delta x}$$

と近似して代入すると，

$$u_{xx}(x_j, t_n) \approx \frac{u(x_j + \Delta x, t_n) - 2u(x_j, t_n) - u(x_j - \Delta x, t_n)}{(\Delta x)^2}$$

と近似できるだろう．両側に $\Delta x/2$ ずらして導関数を近似していたが，2階偏導関数をとることでちょうど格子点上の値で近似できるようになった．

これまでの計算を組み合わせると，(C.1) は $f_j^n = f(x_j, t_n)$ として

$$\frac{u_j^{n+1} - u_j^n}{\Delta t} = d\frac{u_{j+1}^n - 2u_j^n + u_{j-1}^n}{(\Delta x)^2} + f_j^n$$

で近似できると考えられる．つまり，

$$u_j^{n+1} = u_j^n + \sigma(u_{j+1}^n - 2u_j^n + u_{j-1}^n) + \Delta t \cdot f_j^n$$

となる．ここで簡単のため

$$\sigma = d\frac{\Delta t}{(\Delta x)^2} \tag{C.2}$$

と定めた．(C.4) は，$j = 1, \ldots, J-1$ において計算できる．u_0^n, u_J^n はノイマン境界条件より

$$u_0^n = u_1^n, \qquad u_J^n = u_{J-1}^n \tag{C.3}$$

と定義するのが適切である．境界条件を変えれば，この関係も変わってくるので注意しよう．以上より，初期条件 $u_0^0, \ldots, u_J^0$ を与えると，

$$\begin{cases} u_j^{n+1} = \sigma u_{j+1}^n + (1 - 2\sigma)u_j^n + \sigma u_{j-1}^n + \Delta t \cdot f_j^n & (j = 1, \cdots, J-1), \\ u_0^{n+1} = u_1^{n+1}, \qquad u_J^{n+1} = u_{J-1}^{n+1} \end{cases}$$

(C.4)

の第1式から $u_1^1, \ldots, u_{J-1}^1$ が求められ，第2式から u_0^1, u_J^1 が得られ，$u_0^1, \ldots, u_J^1$ が決定される．(C.4) を繰り返すことにより $u_0^n, \ldots, u_J^n$ ($n = 1, \ldots, N$) が求められることがわかる．この手法は**陽解法 (explicit method)** と呼ばれ

る．(C.4) では，u_j^{n+1} を決めるのに $u_{j-1}^n, u_j^n, u_{j+1}^n$ の 3 つの情報が必要であることに注意しておく．

$f \equiv 0, u(x,0) = \cos \pi x$ の場合に (C.1) を $\Delta x = 0.01, \Delta t = 0.00002$ とした陽解法を用いて数値計算してみると，図 C.1 のようになる．これは真の解 $u(x,t) = e^{-\pi^2 t} \cos \pi x$ をよく近似している．しかし，$\Delta t = 0.000052$ と少し大きくすると数値計算結果は図 C.2 のようになる．真の解と全く異なる数値解を与えていることがわかる．数値計算では，必ずしも正しい答えを与えてくれるとは限らないことを考慮しながら注意深く行うことが求められる．ノイマン (von Neumann) の安定性解析を行うと，この差分が安定な条件として

$$\frac{d\Delta t}{(\Delta x)^2} < \frac{1}{2}$$

が得られ，この条件をみたすときに正しい近似解を求めることができる．つまり，Δx を小さくすると Δt はその 2 乗程度小さくとる必要がある．簡単

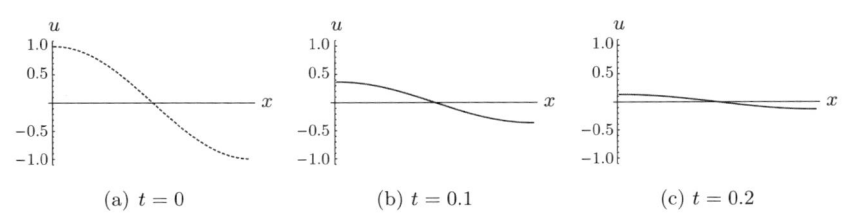

図 **C.1** 陽解法による (C.1) の数値計算結果．$d=1, L=1, f(x,t)=0, u(x,0)=\cos \pi x$ とし $\Delta x = 0.01, \Delta t = 0.00002$ で数値計算を行った．

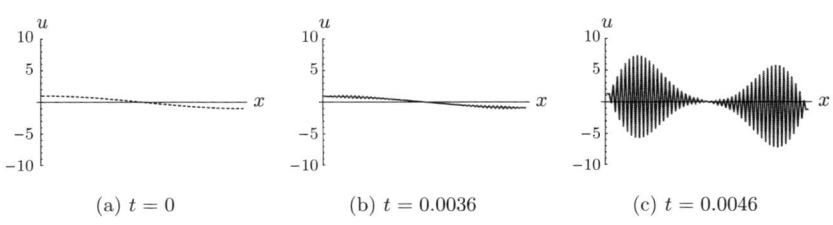

図 **C.2** 陽解法による (C.1) の数値計算結果．図 C.1 の設定で $\sigma > 1/2$ となるような $\Delta x = 0.01, \Delta t = 0.000052$ を用いている．

に言うと，陽解法では $u_0^{n+1}, \ldots, u_J^{n+1}$ を $u_0^n, \ldots, u_J^n$ から計算するのに微分をしているので，これを繰り返すといつかは微分できなくなり破綻するというイメージである．陽解法の長所はプログラミングが簡単な点であるが，計算時間がかかるのが欠点である．

C.2 陰解法

陽解法の短所を取り除くためには積分を繰り返すようにすればよい．これが**陰解法 (implicit method)** である．陽解法では

$$u_{xx} \approx \frac{u_{j+1}^n - 2u_j^n + u_{j-1}^n}{(\Delta x)^2}$$

と近似したが，陰解法では

$$u_{xx} \approx \frac{u_{j+1}^{n+1} - 2u_j^{n+1} + u_{j-1}^{n+1}}{(\Delta x)^2}$$

と近似する．したがって，(C.2) で定めた σ を用いて，

$$u_j^{n+1} = u_j^n + \sigma(u_{j+1}^{n+1} - 2u_j^{n+1} + u_{j-1}^{n+1}) + \Delta t \cdot f_j^n \quad (j = 1, \cdots, J-1)$$

となる．ここで境界条件は

$$u_0^{n+1} = u_1^{n+1}, u_J^{n+1} = u_{J-1}^{n+1}$$

で与えられるので

$$\begin{cases} u_1^{n+1} = u_1^n + \sigma(u_2^{n+1} - u_1^{n+1}) + \Delta t \cdot f_1^n, \\ u_j^{n+1} = u_j^n + \sigma(u_{j+1}^{n+1} - 2u_j^{n+1} + u_{j-1}^{n+1}) + \Delta t \cdot f_j^n \quad (j = 2, \cdots, J-2), \\ u_{J-1}^{n+1} = u_{J-1}^n + \sigma(u_{J-2}^{n+1} - u_{J-1}^{n+1}) + \Delta t \cdot f_{J-1}^n \end{cases}$$

(C.5)

という連立漸化式を用いて $u_1^n, \ldots, u_{J-1}^n$ から $u_1^{n+1}, \ldots, u_{J-1}^{n+1}$ を求めることになる．(C.5) は $J-1$ 個の連立方程式となっている．n ステップ目にすで

に計算しているデータを

$$g_j^n = u_j^n + \Delta t \cdot f_j^n \quad (j = 1, \ldots, J-1)$$

とおいて (C.5) を行列形式で表すと，

$$\begin{pmatrix} 1+\sigma & -\sigma & 0 & \cdots & 0 \\ -\sigma & 1+2\sigma & -\sigma & \ddots & \vdots \\ 0 & \ddots & \ddots & \ddots & 0 \\ \vdots & \ddots & -\sigma & 1+2\sigma & -\sigma \\ 0 & \cdots & 0 & -\sigma & 1+\sigma \end{pmatrix} \begin{pmatrix} u_1^{n+1} \\ u_2^{n+1} \\ \vdots \\ u_{J-2}^{n+1} \\ u_{J-1}^{n+1} \end{pmatrix} = \begin{pmatrix} g_1^n \\ g_2^n \\ \vdots \\ g_{J-2}^n \\ g_{J-1}^n \end{pmatrix} \quad \text{(C.6)}$$

となる．(C.6) の左辺は既知なので，逆行列を求めれば $u_1^{n+1}, \cdots, u_{J-1}^{n+1}$ が求められる．なお，行列の $(1,1), (J-1, J-1)$ 成分が $1+\sigma$ となっているのはノイマン境界条件によるものであることに注意しておく．ディリクレ境界条件のときは $1+2\sigma$ となる．

(C.6) を解くために，**ガウスの消去法**を用いる．ここではもう少し一般的な形で扱っておこう．

$$Au = g$$

と表し，

$$A := \begin{pmatrix} a_1 & c_1 & 0 & \cdots & 0 \\ b_2 & a_2 & c_2 & \ddots & \vdots \\ 0 & \ddots & \ddots & \ddots & 0 \\ \vdots & \ddots & b_{J-2} & a_{J-2} & c_{J-2} \\ 0 & \cdots & 0 & b_{J-1} & a_{J-1} \end{pmatrix}, \quad u := \begin{pmatrix} u_1 \\ u_2 \\ \vdots \\ u_{J-2} \\ u_{J-1} \end{pmatrix}, \quad g := \begin{pmatrix} g_1 \\ g_2 \\ \vdots \\ g_{J-2} \\ g_{J-1} \end{pmatrix}$$

とする．2 行目の b_2 を消去するには，1 行目に b_2/a_1 をかけて引けばよい．すると，

$$\begin{pmatrix} a_1 & c_1 & 0 & \cdots & 0 \\ 0 & a_2 - c_1 b_2/a_1 & c_2 & \ddots & \vdots \\ 0 & \ddots & \ddots & \ddots & 0 \\ \vdots & \ddots & b_{J-2} & a_{J-2} & c_{J-2} \\ 0 & \cdots & 0 & b_{J-1} & a_{J-1} \end{pmatrix} \begin{pmatrix} u_1 \\ u_2 \\ \vdots \\ u_{J-2} \\ u_{J-1} \end{pmatrix} = \begin{pmatrix} g_1 \\ g_2 - g_1 b_2/a_1 \\ \vdots \\ g_{J-2} \\ g_{J-1} \end{pmatrix}$$

となる.

$$a_2' = a_2 - c_1 b_2/a_1, \quad g_2' = g_2 - g_1 b_2/a_1$$

とおくと,

$$\begin{pmatrix} a_1 & c_1 & 0 & \cdots & 0 \\ 0 & a_2' & c_2 & \ddots & \vdots \\ 0 & \ddots & \ddots & \ddots & 0 \\ \vdots & \ddots & b_{J-2} & a_{J-2} & c_{J-2} \\ 0 & \cdots & 0 & b_{J-1} & a_{J-1} \end{pmatrix} \begin{pmatrix} u_1 \\ u_2 \\ \vdots \\ u_{J-2} \\ u_{J-1} \end{pmatrix} = \begin{pmatrix} g_1 \\ g_2' \\ \vdots \\ g_{J-2} \\ g_{J-1} \end{pmatrix}$$

となる. 同じ文字のまま値だけ変えればいいから, この点コンピュータは楽である. 同じ操作を繰り返していくと,

$$\begin{pmatrix} a_1' & c_1 & 0 & \cdots & 0 \\ 0 & a_2' & c_2 & \ddots & \vdots \\ 0 & \ddots & \ddots & \ddots & 0 \\ \vdots & \ddots & 0 & a_{J-2}' & c_{J-2} \\ 0 & \cdots & 0 & 0 & a_{J-1}' \end{pmatrix} \begin{pmatrix} u_1 \\ u_2 \\ \vdots \\ u_{J-2} \\ u_{J-1} \end{pmatrix} = \begin{pmatrix} g_1' \\ g_2' \\ \vdots \\ g_{J-2}' \\ g_{J-1}' \end{pmatrix} \tag{C.7}$$

と上半三角行列に変形できる. ここで

$$\begin{cases} a_1' = a_1, \ a_j' = a_j - c_{j-1} b_j / a_{j-1}', \\ g_1' = g_1, \ g_j' = g_j - g_{j-1}' b_j / a_{j-1}' \end{cases} \quad (j = 2, \ldots, J-1) \tag{C.8}$$

を用いた．(C.7) は後退代入で容易に求めることができる．つまり，

$$\begin{cases} u_{J-1} = g'_{J-1}/a'_{J-1}, \\ u_j = (g'_j - c_j u_{j+1})/a'_j \quad (j = J-2,\ldots,1) \end{cases} \tag{C.9}$$

と順に計算できる．この一連の操作は，

$$L := \begin{pmatrix} 1 & 0 & & & \cdots & 0 \\ b_2/a'_1 & 1 & 0 & & & \vdots \\ 0 & \ddots & \ddots & & \ddots & \\ \vdots & & \ddots & b_{J-2}/a'_{J-1} & 1 & 0 \\ 0 & \cdots & & 0 & b_{J-1}/a'_J & 1 \end{pmatrix}, U := \begin{pmatrix} a'_1 & c_1 & 0 & \cdots & 0 \\ 0 & a'_2 & c_2 & \ddots & \vdots \\ 0 & \ddots & \ddots & \ddots & 0 \\ \vdots & \ddots & 0 & a'_{J-2} & c_{J-2} \\ 0 & \cdots & 0 & 0 & a'_{J-1} \end{pmatrix}$$

として

$$A = LU$$

と行列を分解することに対応しているので，**LU 分解**とも呼ばれる．

C.3 ADI 法

次に空間 2 次元の矩形領域 $[0, L_x] \times [0, L_y]$ の場合を考えよう．扱う方程式はこれまで同様

$$\begin{cases} u_t = d(u_{xx} + u_{yy}) + f(x,y,t) \quad (0 < x < L_x,\ 0 < y < L_y,\ t > 0), \\ u_x(0,y,t) = u_x(L_x,y,t) = u_y(x,0,t) = u_y(x,L_y,t) = 0 \\ \quad (0 < x < L_x,\ 0 < y < L_y,\ t > 0) \end{cases}$$

とする．陽解法は第 C.1 節と同じなので省略する．陰解法は，逆行列の計算が少し大変なので，中間的な手法として **ADI 法**（alternating direction implicit method, 交互方向陰解法）を紹介する．

前節同様に x 方向を J_x 分割し，y 方向を J_y 分割して $\Delta x = L_x/J_x, \Delta y = L_y/J_x$ とおく．また，$(j\Delta x, k\Delta y, n\Delta t)$ での u の近似を $u_{j,k}^n$ とする．ADI

法では，x 方向に陽解法，y 方向に陰解法，次のステップでは，x 方向に陰解法，y 方向に陽解法と交互に行う．したがって，

$$\frac{u_{j,k}^{n+1/2} - u_{j,k}^n}{\Delta t/2} = d\Big(\frac{u_{j-1,k}^n - 2u_{j,k}^n + u_{j+1,k}^n}{(\Delta x)^2}$$
$$+ \frac{u_{j,k-1}^{n+1/2} - 2u_{j,k}^{n+1/2} + u_{j,k+1}^{n+1/2}}{(\Delta y)^2}\Big) + f_{j,k}^n,$$

$$\frac{u_{j,k}^{n+1} - u_{j,k}^{n+1/2}}{\Delta t/2} = d\Big(\frac{u_{j-1,k}^{n+1} - 2u_{j,k}^{n+1} + u_{j+1,k}^{n+1}}{(\Delta x)^2}$$
$$+ \frac{u_{j,k-1}^{n+1/2} - 2u_{j,k}^{n+1/2} + v_{j,k+1}^{n+1/2}}{(\Delta y)^2}\Big) + f_{j,k}^{n+1/2}$$

と計算すればよい．

　数値計算によって方程式の理解を深めることができる．しかし，数値計算では予想していないようなゴースト解が出てくることもある．こうした解が現れた際には，何が本質的な原因か試行錯誤しながら探ることが重要である．ゴースト解が新たな発見につながることもあるかもしれない．

あとがき

　最後に，数学的視点から進行波解について説明しよう．
　本書では，非線形現状の特徴を捉えるものとして伝播現象を扱ってきた．第 1 章では，伝播現象を理解しやすくする自然現象を取り上げた．その発展として，第 2 章では反応拡散系とその伝播現象を大まかに説明した．第 4 章で取り上げたような進行波解の研究は，[17, 29] に始まり，[27, 25, 15, 16, 2] など第 6 章で取り上げたような内容へと発展した．近年，多次元進行波の研究が進んでいる．多次元進行波解を扱う手法としては，第 6 章や第 7 章で紹介した内容が挙げられる．進んだ学習には，[21, 50, 11, 4, 67, 46, 30] およびその参考文献を参照するといいだろう．また，本書では等方的な一様空間における伝播現象を扱ってきたが，非一様な空間における伝播現象も，最近の研究における重要なトピックとなっている．たとえば，結晶構造のような微細な構造上での伝播や道路網のような大きな構造を含む地域への生物種の侵入，伝染病・犯罪の伝播などが挙げられる．このような場合，進行波解は一定の速度で運動するわけでないので，進行波解の概念を緩くする必要があり，周期進行波解や全域解などの概念を用いて取り扱うことになる．詳しくは [3, 32, 33, 67, 53] およびその参考文献を参照するといいだろう．
　第 4 章で取り上げたパンルヴェの方法は，KdV 方程式のような可積分系において大きく発展した．[63] などを参照してほしい．
　伝播現象として現れる進行波解の存在を主に扱ってきたが，進行波解の安定性も重要な問題である．どのような不安定化が起きるかによって伝播の様子は大きく変わるからである．安定性については，[64, 47] を参照してほし

あとがき

い．安定な解は，自然現象に自然に現れる解として重要であるが，不安定な解も，アトラクタなど解の挙動を決定づける際に重要な役割を果たすことに注意しておく．

　本書では，「伝播」という切り口から現象とその非線形性を取り扱う数学を紹介してきたが，現象を表現する数学的概念や用語は，一通りではない．知りたい情報によって切り口を変えたり，概念を変えていく必要がある．現象を表現するのにもっとも適切な数学的概念や用語を自由に構築していってほしい．適切な数学的概念や用語を探すことが，現象を創り出している未知の構造を見つけていくことになると同時に，現象の美しさや神秘性をも映し出していくことだろう．本書を読んだ読者の中から，現象の本質に迫る新しい数学や科学が産み出されることを願っている．

参考文献

[1] S. Allen and J.W. Cahn, A microscopic theory for antiphase boundary motion and its application to antiphase domain coarsening, *Acta. Metall.* **27** (1979), 1084–1095.

[2] D. G. Aronson and H. F. Weinberger, Multidimensional nonlinear diffusion arising in population genetics, *Adv. Math.* **30** (1978), 33–76.

[3] H. Berestycki and F. Hamel, Front propagation in periodic excitable media, *Comm. Pure Appl. Math.* **55** (2002), 949–1032.

[4] H. Berestycki and L. Nirenberg, Travelling fronts in cylinders, *Ann. Inst. Henri Poincare* **5** (1992), 497–572.

[5] M. Bramson, Convergence of solutions of the Kolmogorov equation to traveling waves, *Mem. Amer. Math. Soc.* **44** (1983), no. 285.

[6] J. W. Cahn and J. Hilliard, Free Energy of a Nonuniform System. I. Interfacial Free Energy, *J. Chem. Phys.* **28** (1958), 258–267.

[7] X.-F. Chen, Existence, uniqueness, and asymptotic stability of traveling waves in nonlocal evolution equations, *Adv. Differential Equations* **2** (1997), 125–160.

[8] Y.-Y. Chen, Y. Kohsaka and H. Ninomiya, Traveling spots and traveling fingers in singular limit problems of reaction-diffusion systems, *Disc. Cont. Dyn. Systems Ser. B* **19** (2014), 697–714.

[9] M. del Pino, M. Kowalczyk, and J. Wei, On a conjecture by De Giorgi in dimensions $N \geq 9$, *Annals of Mathematics* **174** (2011), 1485–1569.

[10] K. Deckelnick, C. M. Elliott, and G. Richardson, Long time asymptotics for forced curvature flow with applications to the motion of a superconducting

vortex, *Nonlinearity* **10** (1997), 655–678.
- [11] U. Ebert and W. van Saarloos, Front propagation into unstable states: universal algebraic convergence towards uniformly translating pulled fronts, *Phys. D* **146** (2000), 1–99.
- [12] I. Farkas, D. Helbing and T. Vicsek, Mexican waves in an excitable medium, *Nature*, **419** (2002), 131–132.
- [13] I. Farkas, D. Helbing and T. Vicsek, Human waves in stadiums, *Physica A* **330** (2003) 18-24.
- [14] A. Fick, Ueber diffusion, *Poggendorff's Annalen* **94** (1855), 59–86.
- [15] P. C. Fife and J. B. McLeod, The approach of solutions of nonlinear diffusion equations to travelling front solutions, *Arch. Ration. Mech. Anal.* **65** (1977), 335–361.
- [16] P. C. Fife and J. B. McLeod, A phase plane discussion of convergence to travelling fronts for nonlinear diffusion, *Arch. Ration. Mech. Anal.* **75** (1980/81), 281–384.
- [17] R. A. Fisher, The wave of advance of advantageous genes, *Ann. Eugenics* **7** (1937), 355–369.
- [18] M. Gage and R. S. Hamilton, The heat equation shrinking convex plane curves, *J. Differential Geom.* **23** (1986), 69–96.
- [19] M. A. Grayson The heat equation shrinks embedded plane curves to round points, *J. Differential Geom.* **26** (1987), 285–314.
- [20] B. Gidas, W.-M. Ni and L. Nirenberg, Symmetry and related properties via the maximum principle, *Communications in Mathematical Physics* **68** (1979), 209–243.
- [21] B. H. Gilding and R. Kersner, *Travelling waves in nonlinear diffusion-convection reaction*, Birkhäser Verlag (2004).
- [22] F. Hamel, R. Monneau, and J.-M. Roquejoffre, Existence and qualitative properties of multidimensional conical bistable fronts, *Disc. Cont. Dyn. Systems* **13** (2005), 1069–1096.
- [23] F. Hamel, R. Monneau, and J.-M. Roquejoffre, Asymptotic properties and classification of bistable fronts with Lipschitz level sets, *Disc. Cont. Dyn. Systems* **14** (2006), 75–92.
- [24] F. Hamel and N. Nadirashvili, Travelling fronts and entire solutions of the Fisher-KPP equation in $\mathbb{R}^N$, *Arch. Ration. Mech. Anal.* **157** (2001), 91–163.

[25] K.P. Hadeler and F. Rothe, Traveling fronts in nonlinear diffusion equations, *J. Math. Biol.* **2** (1975), 251–263.

[26] D. Henry, *Geometric theory of semilinear parabolic equations*, Springer-Verlag (1981).

[27] Ya. I. Kanel, The behavior of solutions of the Cauchy problem when the time tends to infinity, in the case of quasilinear equations arising in the theory of combustion, *Soviet Math. Dokl.* **1** (1960), 533–536.

[28] T. Kawahara and M. Tanaka, Interactions of traveling fronts: An exact solutions of a nonlinear diffusion equations, *Physics Letters.* **97A** (1983), 311–314.

[29] A. Kolmogorov, I. Petrovsky, and N. Piskunov, Etude de l'équation de la diffusion avec croissance de la quantité de matière et son application à un problème biologique, *Bjul. Moskowskogo Gos. Univ. Ser. Internat. Sec. A* **1** (1937), 1–26.
この文献は以下の英訳を調べるとよい.
Study of the diffusion with growth of the quantity of matter and its application to a biology problem, in *"Dynamics of curved fronts"*, ed. Pierre Pelcé, Academic Press (1988), 105–130.

[30] Y. Kurokawa and M. Taniguchi, Multi-dimensional pyramidal travelling fronts in the Allen-Cahn equations, *Proceedings of the Royal Society of Edinburgh: Section A Mathematics* **141** (2011), 1031–1054.

[31] Y. Hosono and B. Ilyas, Traveling waves for a simple diffusive epidemic model, *Mathematical Models and Methods in Applied Sciences* **5** (1995), 935–966.

[32] H. Matano, K.I. Nakamura and B. Lou, Periodic traveling waves in a two-dimensional cylinder with saw-toothed boundary and their homogenization limit, *Networks and Heterogeneous Media* **1** (2006), 537–568.

[33] Y. Morita and H. Ninomiya, Entire solutions with merging fronts to reaction-diffusion equations, *J. Dynam. Differential Equations* **18** (2006), 841–861.

[34] J. D. Murray, E. A. Stanley and D. L. Brown, On the spatial spread of rabies among foxes, *Proceedings of the Royal society of London. Series B. Biological sciences* **229** (1986), 111–150.

[35] J. Nagumo, S. Yoshizawa and S. Arimoto, Bistable transmission lines, *IEEE Trans. Circuit Theory* **CT-12** (1965), No. 3, 400–412.

[36] H. Ninomiya and M. Taniguchi, Existence and global stability of traveling

[36] curved fronts in the Allen-Cahn equations, *J. Differential Equations* **213** (2005), 204–233.

[37] H. Ninomiya and M. Taniguchi, Global stability of traveling curved fronts in the Allen-Cahn equations, *Disc. Cont. Dyn. Systems* **15** (2006), 819–832.

[38] A. Okubo and S. A. Levin, *Diffusion and Ecological Problems: Modern Perspectives* (Interdisciplinary Applied Mathematics), Springer (2002).

[39] J. Philibert, One and a Half Century of Diffusion: Fick, Einstein, Before and Beyond, *Diffusion Fundamentals* **4** (2006), 6.1–6.19.

[40] M. H. Protter and H. F. Weinberger, *Maximum Principles in Differential Equations*, Springer-Verlag (1984).

[41] J. Rinzel and J. B. Keller, Traveling Wave Solutions of a Nerve Conduction Equation, *Biophysical Journal* **13** (1973), 1313–1337.

[42] N. Shigesada and K. Kawasaki, *Biological Invasions: Theory and Practice* (Oxford Series in Ecology and Evolution), Oxford Univ. Press. (1997).

[43] J. G. Skellam, Random Dispersal in Theoretical Populations, *Biometrika*, **38** (1951), 196–218.

[44] J. Smoller, *Shock waves and reaction-diffusion equations*, Springer-Verlag (1983).

[45] D. H. Sattinger, On the stability of waves of nonlinear parabolic systems, *Adv. Math.* **22** (1976), 312–355.

[46] M. Taniguchi, Traveling fronts of pyramidal shapes in the Allen-Cahn equations, *SIAM J. Math. Anal.* **39** (2007), 319–344.

[47] M. Taniguchi, and Y. Nishiura, Instability of planar interfaces in reaction-diffusion systems, *SIAM Journal on Mathematical Analysis* **25** (1994), 99–134.

[48] P. Turchin, *Quantitative analysis of movement: measuring and modeling population redistribution in animals and plants*, Sinauer Associates Inc. (1998).

[49] K. Uchiyama, The behavior of solutions of some nonlinear diffusion equations for large time, *J. Math. Kyoto Univ.* **18** (1978), 453–508.

[50] A. I. Volpert and V. A. Volpert, V. A. Volpert, *Traveling wave solutions of parabolic systems*, American Mathematical Society (1994).

[51] H. F. Weinberger, Invariant sets for weakly coupled parabolic and elliptic

systems, *Rend. di Mat.* **8** (1975), 295–310.
[52] H. F. Weinberger, On spreading speeds and traveling waves for growth and migration in periodic habitat, *J. Math. Biol.* **45** (2002), 511–548.
[53] J. Xin, Front propagation in heterogeneous media, *SIAM Rev.* **42** (2000), 161–230.
[54] H. Yagisita, Nearly Spherically Symmetric Expanding Fronts in a Bistable Reaction-Diffusion Equation, *Journal of Dynamics and Differential Equations* **13** (2001), 323–353.
[55] C.S. エルトン（川那部 浩哉・大沢 秀行・安部 琢哉 訳），侵略の生態学，思索社 (1971).
[56] 大久保 明，生態学と拡散，築地書館 (1975).
[57] 観音 幸夫，2種競合系の進行波について，数学 **49** (1997), 379–392.
[58] 郡 宏・森田 善久，生物リズムと力学系，共立出版 (2011).
[59] 小谷 眞一・俣野 博，微分方程式と固有関数展開，岩波書店 (2006).
[60] 齊藤 良行，組織形成と拡散方程式，コロナ社 (2000).
[61] 重定 南奈子，侵入と伝播の数理生態学，東京大学出版会 (1992).
[62] 鈴木 貴・上岡 友紀，偏微分方程式講義—半線形楕円型方程式入門，培風館 (2005).
[63] 戸田 盛和，非線形波動とソリトン（新版），日本評論社 (2000).
[64] 西浦 廉政，非平衡ダイナミクスの数理，岩波書店 (2009).
[65] 三池 秀敏・森 義仁・山口 智彦，非平衡系の科学 III 反応・拡散系のダイナミクス，講談社サイエンティフィク (1998).
[66] 村田 實・倉田 和浩，楕円型・放物型偏微分方程式，岩波書店 (2006).
[67] 森田 善久・二宮 広和，反応拡散方程式における進行波解と全域解，数学 **59** (2007), 225–243.
[68] 矢崎 成俊・牛島 健夫，界面現象と曲線の微積分，共立出版（近日刊）.

索引

【A】
ADI 法　173
Allen-Cahn-Nagumo 型方程式　30, 53, 103, 109, 123
Allen-Cahn-Nagumo 方程式　29, 46, 51, 60, 66
Allen-Cahn 方程式　29

【B】
Belousov-Zhabotinsky 反応　25
bistable　19
Brusselator　25
BZ 反応　25

【D】
diffusion equation　7
div　34

【E】
elliptic operator　68
entire solution　41
eternal solution　41

【F】
Fick の法則　35
Fisher-KPP 型方程式　30, 99

Fisher-KPP 方程式　9, 30, 53
FitzHugh-Nagumo 型方程式　29
FitzHugh-Nagumo 方程式　27
Fokker-Plank 方程式　40
Frenet の公式　126
fundamental solution　7

【G】
grad　34

【H】
heat equation　7
heat kernel　7
Heaviside function　9
Hodgkin-Huxley 方程式　27
Huxley 解　47

【I】
ill-posed　41
interface　129
isocline　16

【K】
Kermack-McKendrick モデル　22, 143

索　引　183

【L】
Laplacian　7
linear determinacy　101
Lotka-Volterra 型拡散競争系　87
Lotka-Volterra 型方程式　13
LU 分解　173
Lyapunov 関数　19, 55

【M】
McKean モデル　27
monostable　19

【N】
Nagumo 方程式　29
normal velocity　128

【O】
Oregonator　25

【P】
Painlevé の方法　49, 175
parabolic boundary　75
phase plane　14
—— method　14
Phragmèn-Lindelöf の原理　71, 82
planar wave　28
positively invariant region　85
pulse wave　28

【R】
reaction-diffusion system　11

【S】
Schauder 評価　164
Skellam, J.G.　ii, 3
Sobolev の埋め込み定理　163
solution
　　entire ——　41
　　eternal ——　41
　　fundamental ——　7

inner ——　132
outer ——　132
sub——　91
super——　91
traveling wave ——　9
standing wave　53

【T】
tangent velocity　128
transition layer　130
traveling wave solution　9
Turing の不安定性　151

【V】
Verhulst, P.F.　9

【W】
well-posed　41

【ア行】
アイソクライン法　16, 28
アレン・カーン・南雲型方程式　30, 53, 103, 109, 123
アレン・カーン・南雲方程式　29, 46, 51, 60, 66
アレン・カーン方程式　29
安定多様体　17, 54, 58, 153, 154, 159

一様楕円型作用素　68
移流効果　34
陰解法　170

オレゴネータ　25, 26

【カ行】
外部解　132–134
界面　129
界面方程式　129
ガウスの消去法　171

索　引

拡散係数　33
拡散方程式　7, 34
拡散誘導不安定性　151
カーマック・マッケンドリックモデル　22, 143

キネマティック方程式　136
基本解　7, 42
協調系　30
曲率　125
曲率流方程式　132

交互方向陰解法　173
固有値　118

【サ行】

最小速度　59, 64, 99, 101
最大値の原理　68, 72, 75, 81
　強—　74, 79

シャウダー評価　164
剰余スペクトル　118
進行波解　9, 40, 46

スケラム　ii, 3
スペクトル　118
　剰余—　118
　点—　118
　本質的—　118
　連続—　118

正値解　20, 97
正不変領域　85
接線速度　128, 138
遷移確率　37
全域解　41, 53, 66
遷移層　130
線形予測　101, 146

双安定　122

双安定系　19, 29, 99, 109
増殖率　8
相平面　14
　—法　14
ソボレフの埋め込み定理　163

【タ行】

楕円型作用素　68
楕円型方程式　67, 97, 114
　—の強最大値の原理　74
　—の最大値の原理　68
　—のシャウダー評価　164
　—の大域的先験的評価　164
　—の内部先験的評価　164
単安定系　19, 30, 99, 100

中心多様体　154, 159
チューリングの不安定性　151

定在波　53
適切
　—である　41
　—でない　41
点スペクトル　118

閉じている　23

【ナ行】

内部解　132, 135
南雲方程式　29

熱核　7
熱方程式　7, 33

ノイマン境界条件　10, 25, 36, 81

【ハ行】

ハクスリー解　47
パルス解　28
半群　153, 156

反応拡散系 iii, 11, 84, 86, 129, 141
パンルヴェの方法 49, 175

不安定多様体 54, 55, 58, 60, 102, 153, 154, 159
フィックの法則 35
フィッシャー・KPP 型方程式 30, 99
フィッシャー・KPP 方程式 9, 30
フィッツフュー・南雲型方程式 29
フィッツフュー・南雲方程式 27
フェアフルスト 9
フッカー・プランク方程式 40
フラグメン・リンデレエフの原理 71, 82
フラックス (flux) 35
ブラッセレータ 25
フレネの公式 126

平均曲率流方程式 139
平面波 28
ベクトル場 16
ヘビサイド関数 9, 148
ベロウソフ・ジャポチンスキー反応 25

法線速度 128, 138
方程式
　アレン・カーン— 29
　アレン・カーン・南雲— 29, 46, 51, 60, 66
　アレン・カーン・南雲型— 30, 53, 103, 109, 123
　界面— 129
　拡散— 7, 34
　キネマティック— 136
　曲率流— 132

熱— 7, 33
　フィッシャー・KPP— 9, 30, 53
　フィッシャー・KPP 型— 30, 99
　フィッツフュー・南雲型— 27, 29
　フッカー・プランク— 40
　平均曲率流— 139
　連続の— 35
　ロジスティック— 9, 11
　ロトカ・ヴォルテラ型— 13
放物型境界 75, 97
ホジキン・ハクスリー方程式 27
本質的スペクトル 118

【マ行】
マッキーンモデル 27
マルサス係数 8

優解 91

陽解法 168

【ラ行】
ラプラシアン 7, 34, 114
ラプラス作用素 7, 34, 114

リャプノフ関数 19, 55

レゾルベント 118, 156
　—集合 118
劣解 91
連続スペクトル 118
連続の方程式 35

ロジスティック方程式 9, 11
ロトカ・ヴォルテラ型拡散競争系 87
ロトカ・ヴォルテラ型方程式 13

Memorandum

Memorandum

Memorandum

Memorandum

Memorandum

著者略歴

二宮 広和
(にのみや ひろかず)

1993年 京都大学大学院理学研究科 博士課程単位取得退学
現　在　明治大学総合数理学部 教授
　　　　博士（理学）
専　門　非線形偏微分方程式論（数学）

シリーズ・現象を解明する数学
侵入・伝播と拡散方程式

Invasion, Propagation and Diffusion

2014 年 7 月 15 日　初版 1 刷発行
2023 年 9 月 25 日　初版 3 刷発行

著　者　二宮広和　Ⓒ 2014
発行者　南條光章
発行所　**共立出版株式会社**
　　　　東京都文京区小日向 4-6-19
　　　　電話　03-3947-2511　（代表）
　　　　〒112-0006／振替口座 00110-2-57035
　　　　URL www.kyoritsu-pub.co.jp

印　刷　啓文堂
製　本　ブロケード

検印廃止
NDC 413.65
ISBN 978-4-320-11003-8

一般社団法人
自然科学書協会
会員

Printed in Japan

JCOPY ＜出版者著作権管理機構委託出版物＞
本書の無断複製は著作権法上での例外を除き禁じられています．複製される場合は，そのつど事前に，出版者著作権管理機構（TEL：03-5244-5088，FAX：03-5244-5089，e-mail：info@jcopy.or.jp）の許諾を得てください．